PREFACE 머리말

건설 및 유통구조의 대형화와 기계화에 따라 각종 건설공사, 항만 또는 생산작업 현장에서 지게차 등 운반용 건설기계가 많이 사용되면서 고성능기종의 운반용 건설기계의 개발과 더불어 지게차의 안전운행과 기계수명 연장 및 작업능률 제고를 위해 숙련기능인력 양성이 요구되고 있습니다.

산업인력공단이 정부 취업포털에 올라온 채용공고를 분석한 결과에 따르면 채용 시 우대 공고가 가장 많은 자격이 지게차운전기능사인 것으로 집계되었습니다. 지게차운전기능사 자격증은 이제 제조·물류업체 취업의 필수조건인 자격증으로 자리매김하고 있다는 것을 알 수 있습니다. 무엇보다 지게차운전기능사 자격증이 각광받는 이유는 취업 시장에서 인기가 높은 것은 물론이고 비교적 취득하기 쉽기 때문입니다. 그러나 단기간에 확실하게 합격하기 위해서는 핵심만 공략하는 효율적인 학습이 무엇보다 중요합니다.

본 교재는 합격비법 손글씨 핵심요약을 통해 불필요한 내용 없이 꼭 외워야 할 내용만 공략할 수 있도록 하였으며, CBT 기출복원문제를 통해 실전에 완벽하게 대비할 수 있도록 구성하였습니다. 또한 2024년~2025년의 최신 CBT 기출분석문제를 통해 출제경향까지 꼼꼼하게 분석하여 시험에 대비할 수 있도록 하였습니다.

지게차운전기능사 시험을 준비하는 수험생들의 노력이 본 교재를 통해 성공적인 결과로 이어지기를 진심으로 기원합니다.

GUIDE 지게차운전기능사 시험정보

✅ 지게차운전기능사 취득방법

구분		내용
시험과목	필기	1.지게차 주행 2.화물 적재 3.운반 4.하역 5.안전관리
	실기	지게차운전 작업 및 도로주행
검정방법	필기	객관식 4지 택일형 60문항(60분)
	실기	작업형(4분 정도)
합격기준	필기	100점을 만점으로 하여 60점 이상
	실기	100점을 만점으로 하여 60점 이상

✅ 지게차운전기능사 합격률

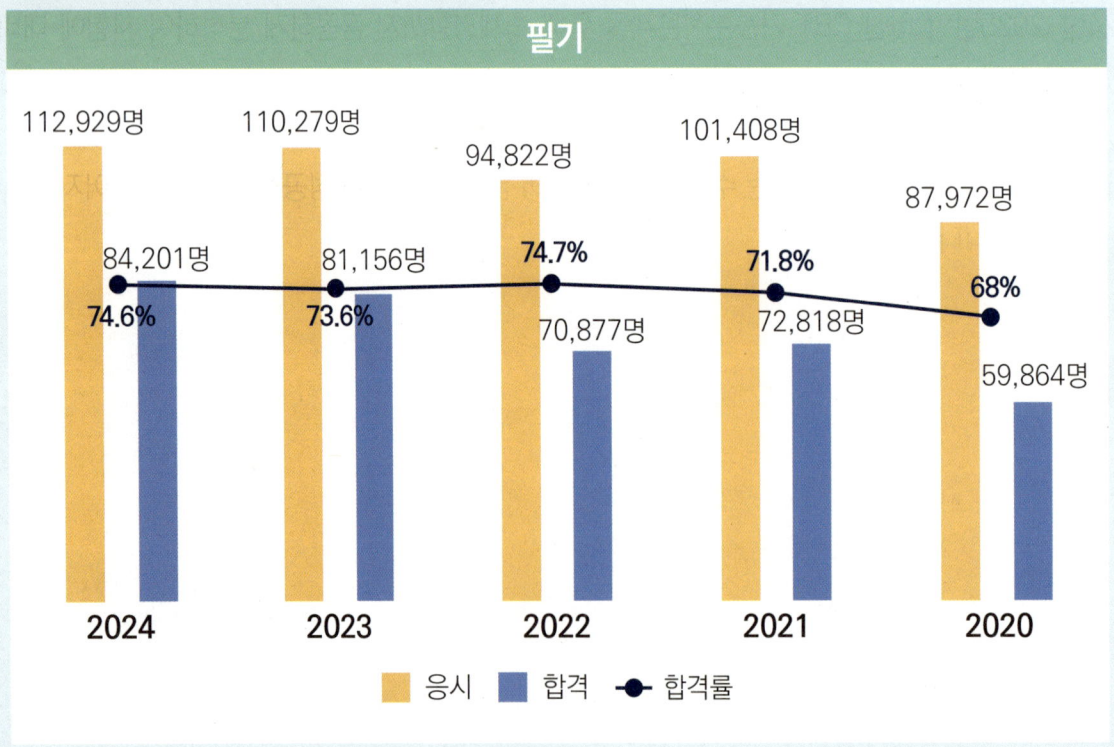

연도	응시	합격	합격률
2024	112,929명	84,201명	74.6%
2023	110,279명	81,156명	73.6%
2022	94,822명	70,877명	74.7%
2021	101,408명	72,818명	71.8%
2020	87,972명	59,864명	68%

GUIDE 지게차운전기능사 필기 출제기준

직무분야	건설	중직무분야	건설기계운전	자격종목	지게차운전기능사	적용기간	2025.01.01.~2027.12.31.
필기검정방법	객관식	문제수	60			시험시간	1시간

필기과목명	주요항목	세부항목
지게차주행, 화물적재, 운반, 하역, 안전관리	1. 안전관리	1. 안전보호구 착용 및 안전장치 확인
		2. 위험요소 확인
		3. 안전운반 작업
		4. 장비 안전관리
	2. 작업 전 점검	1. 외관점검
		2. 누유·누수 확인
		3. 계기판 점검
		4. 마스트·체인 점검
		5. 엔진시동 상태 점검
	3. 화물 적재 및 하역작업	1. 화물의 무게중심 확인
		2. 화물 하역작업
	4. 화물 운반작업	1. 전·후진 주행
		2. 화물 운반작업
	5. 운전시야 확보	1. 운전시야 확보
		2. 장비 및 주변상태 확인
	6. 작업 후 점검	1. 안전주차
		2. 연료 상태 점검
		3. 외관점검
		4. 작업 및 관리일지 작성
	7. 건설기계관리법 및 도로교통법	1. 도로교통법
		2. 안전운전 준수
		3. 건설기계관리법
	8. 응급대처	1. 고장 시 응급처치
		2. 교통사고 시 대처
	9. 장비구조	1. 엔진구조
		2. 전기장치
		3. 전·후진 주행장치
		4. 유압장치
		5. 작업장치

GUIDE 지게차운전기능사 필기 접수절차

01 큐넷 접속 및 로그인

- 한국산업인력공단 홈페이지 큐넷(www.q-net.or.kr) 접속
- 큐넷 홈페이지 로그인(※ 회원가입 시 반명함판 사진 등록 필수)

02 원서접수

- 큐넷 메인에서 [원서접수] 클릭
- 응시할 자격증을 선택한 후 [접수하기] 클릭

03 장소선택

- 응시할 지역을 선택한 후 조회 클릭
- 시험장소를 확인한 후 선택 클릭
- 장소를 확인한 후 접수하기 클릭

04 결제하기

- 응시시험명, 응시종목, 시험장소 및 일시 확인
- 해당 내용에 이상이 없으면, 검정수수료 확인 후 결제하기 클릭

05 접수내용 확인하기

- 마이페이지 접속
- 원서접수관리 탭에서 원서접수내역 클릭 후 확인

GUIDE 지게차운전기능사 필기 CBT 자격시험

01 CBT 시험 웹체험 서비스 접속하기

❶ 한국산업인력공단 홈페이지 큐넷(www.q-net.or.kr)에 접속하여 로그인 후 오른쪽 하단 CBT 체험하기를 클릭합니다.
※ 큐넷에 가입되어 있지 않으면 회원가입을 진행해야 하며, 회원가입 시 반명함판 크기의 사진 파일이 필요합니다.

❷ 튜토리얼을 따라서 안내사항과 유의사항 등을 확인합니다.
※ 튜토리얼 내용 확인을 하지 않으려면 '튜토리얼 나가기'를 클릭한 다음 '시험 바로가기'를 클릭하여 시험을 시작할 수 있습니다.

02 CBT 시험 웹체험하기

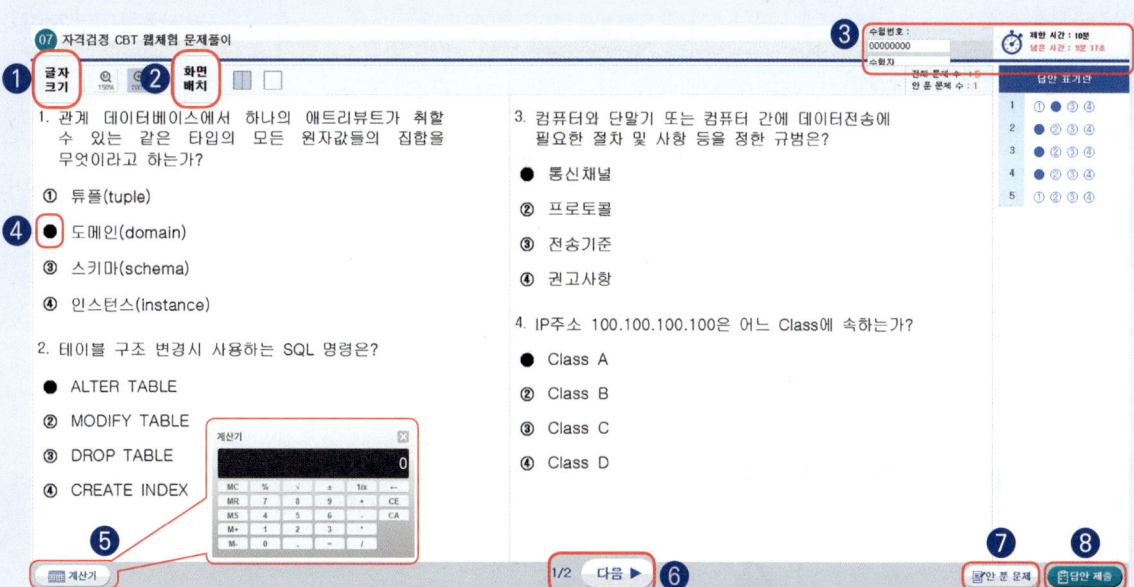

❶ 글자 크기 조정 : 화면의 글자 크기를 변경할 수 있습니다.
❷ 화면 배치 변경 : 한 화면에 문제 배열을 2문제/ 2단 /1문제로 조정할 수 있습니다.
❸ 시험 정보 확인 : 본인의 [수험번호]와 [수험자명]을 확인할 수 있으며, 문제를 푸는 도중에 [안 푼 문제 수]와 [남은 시간]을 확인하며 시간을 적절하게 분배할 수 있습니다.
❹ 정답 체크 : 문제 번호에 정답을 체크하거나 [답안표기란]의 각 문제 번호에 정답을 체크합니다.
❺ 계산기 : 계산이 필요한 문제가 나올 때 사용할 수 있습니다.
❻ 다음 ▶ : 다음 화면의 문제로 넘어갈 때 사용합니다.
❼ 안 푼 문제 : ❸의 [안 푼 문제 수]를 확인하여 해당 버튼을 클릭하고, 풀지 않은 문제 번호를 누르면 해당 문제로 이동합니다.
❽ 답안 제출 : 문제를 모두 푼 다음 '답안 제출' 버튼을 눌러 답안을 제출하고, 합격 여부를 바로 확인합니다.

GUIDE 구성과 특징

✅ 합격비법 손글씨 핵심요약

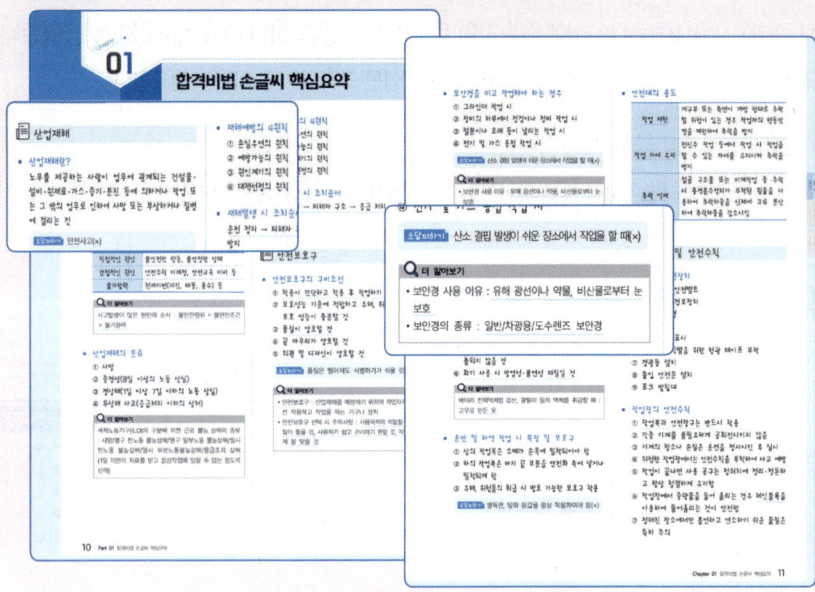

Point 1

꼭 알아야 할 중요한 핵심이론만 눈이 편한 손글씨로 정리

Point 2

오답피하기와 더 알아보기를 통해 기출 완벽 분석

✅ 8개년 CBT 기출복원문제(2018년 ~ 2025년)

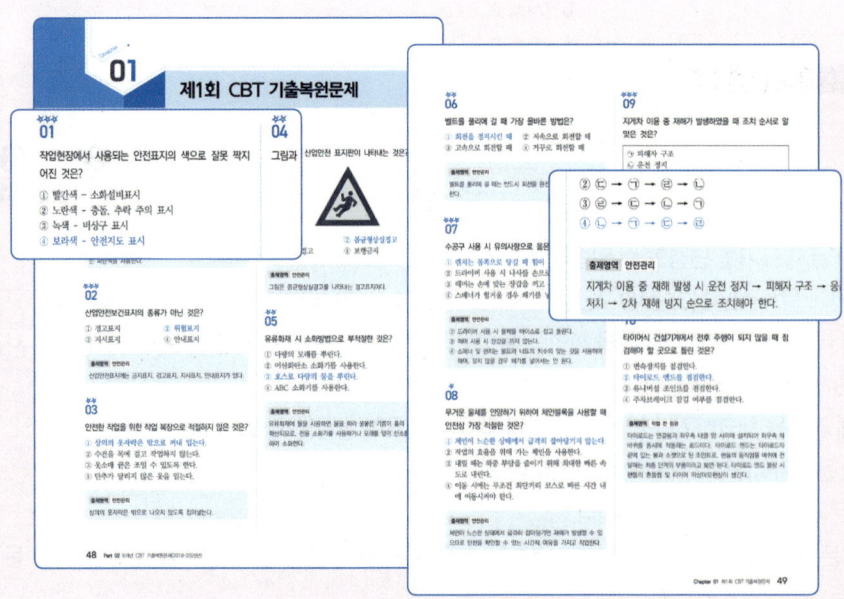

Point 1

8개년 CBT 기출복원문제로 기출 경향을 파악하고 빈출표시를 통해 문제적응력 향상

Point 2

답만 눈에 쏙!
문제 해결을 위한 포인트만 콕!
문제해결력 업그레이드

✅ 최신 CBT 기출분석문제(2024년~2025년)

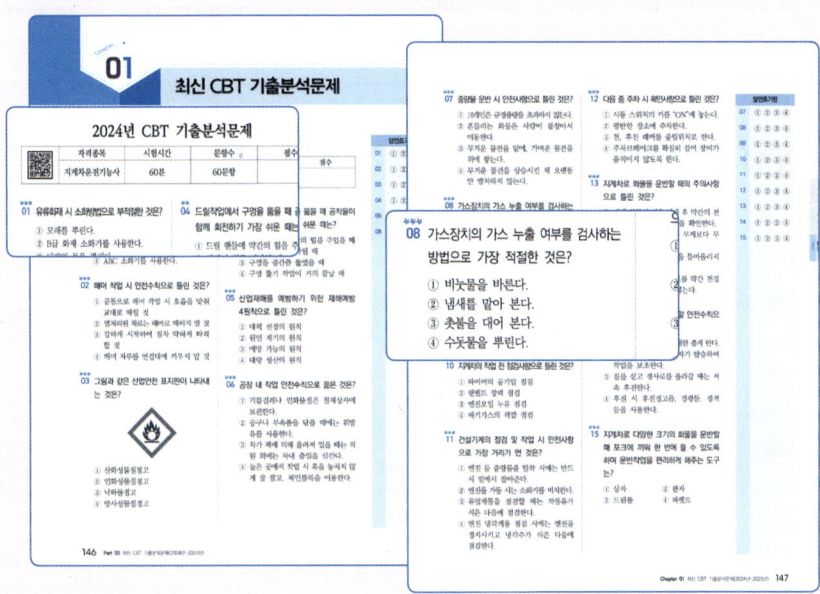

Point 1

2024년 ~ 2025년 CBT 기출분석문제 풀이로 실전 대비를 위한 최종마무리

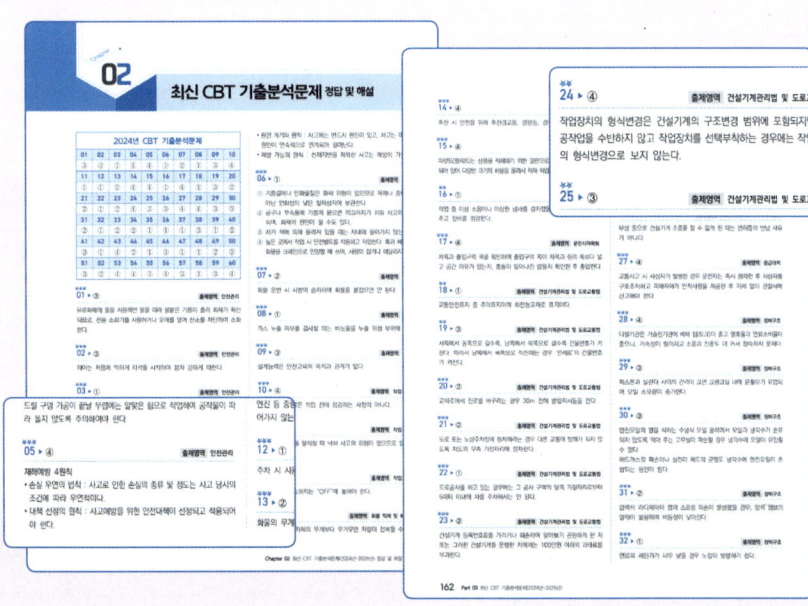

Point 2

핵심만 정확하게 찍어주는 해설로 문제 해결을 위한 스킬 향상과 출제영역별 출제경향도 파악

CONTENTS 목차

Study check 표 활용법
단원의 학습을 완료할 때마다 체크하여, 자신만의 3회독 플래너를 완성해보세요.

PART 01 합격비법 손글씨 핵심요약

		Study Day		
		1st	2nd	3rd
합격비법 손글씨 핵심요약	10			

PART 02 8개년 CBT 기출복원문제(2018년~2025년)

		Study Day		
		1st	2nd	3rd
01 제1회 CBT 기출복원문제	48			
02 제2회 CBT 기출복원문제	60			
03 제3회 CBT 기출복원문제	72			
04 제4회 CBT 기출복원문제	84			
05 제5회 CBT 기출복원문제	96			
06 제6회 CBT 기출복원문제	108			
07 제7회 CBT 기출복원문제	120			
08 제8회 CBT 기출복원문제	132			

PART 03 최신 CBT 기출분석문제(2024년~2025년)

		Study Day		
		1st	2nd	3rd
01 최신 CBT 기출분석문제	146			
02 최신 CBT 기출분석문제 정답 및 해설	161			

PART 01

합격비법
손글씨 핵심요약

합격비법 손글씨 핵심요약

📄 산업재해

■ **산업재해란?**
노무를 제공하는 사람이 업무에 관계되는 건설물·설비·원재료·가스·증기·분진 등에 의하거나 작업 또는 그 밖의 업무로 인하여 사망 또는 부상하거나 질병에 걸리는 것

> **오답피하기** 안전사고(×)

■ **산업재해의 원인**

직접적인 원인	불안전한 행동, 불안정한 상태
간접적인 원인	안전수칙 미제정, 안전교육 미비 등
불가항력	천재지변(지진, 태풍, 홍수) 등

> 🔍 **더 알아보기**
> 사고발생이 많은 원인의 순서 : 불안전행위 > 불안전조건 > 불가항력

■ **산업재해의 분류**
① 사망
② 중경상(8일 이상의 노동 상실)
③ 경상해(1일 이상 7일 이하의 노동 상실)
④ 무상해 사고(응급처치 이하의 상처)

> 🔍 **더 알아보기**
> 국제노동기구(ILO)의 구분에 의한 근로 불능 상해의 종류 : 사망/영구 전노동 불능상해/영구 일부노동 불능상해/일시 전노동 불능상해/일시 부분노동불능상해/응급조치 상해(1일 미만의 치료를 받고 정상작업에 임할 수 있는 정도의 상해)

■ **재해예방의 4원칙**
① 손실우연의 원칙
② 예방가능의 원칙
③ 원인계기의 원칙
④ 대책선정의 원칙

■ **재해발생 시 조치순서**
운전 정지 → 피해자 구조 → 응급 처치 → 2차 재해 방지

📄 안전보호구

■ **안전보호구의 구비조건**
① 착용이 간단하고 착용 후 작업하기 쉬울 것
② 보호성능 기준에 적합하고 유해, 위험 요소로부터 보호 성능이 충분할 것
③ 품질이 양호할 것
④ 끝 마무리가 양호할 것
⑤ 외관 및 디자인이 양호할 것

> **오답피하기** 품질은 떨어져도 식별하기가 쉬울 것(×)

> 🔍 **더 알아보기**
> • 안전보호구 : 산업재해를 예방하기 위하여 작업자가 작업 전 착용하고 작업을 하는 기구나 장치
> • 안전보호구 선택 시 주의사항 : 사용목적에 적합할 것, 품질이 좋을 것, 사용하기 쉽고 관리하기 편할 것, 작업자에게 잘 맞을 것

- 보안경을 끼고 작업해야 하는 경우
  ① 그라인더 작업 시
  ② 장비의 하부에서 점검이나 정비 작업 시
  ③ 철분이나 모래 등이 날리는 작업 시
  ④ 전기 및 가스 용접 작업 시

  > **오답피하기** 산소 결핍 발생이 쉬운 장소에서 작업을 할 때(×)

  > 🔍 **더 알아보기**
  > - 보안경 사용 이유 : 유해 광선이나 약물, 비산물로부터 눈 보호
  > - 보안경의 종류 : 일반/차광용/도수렌즈 보안경

- 마스크의 종류

방진 마스크	분진이 많은 작업장에서 착용
방독 마스크	유독가스가 발생하는 작업장에서 착용
송기(공기) 마스크	산소 결핍이 우려되는 작업장에서 착용

- 작업복의 조건
  ① 몸에 맞고 동작이 편할 것
  ② 단추가 달린 것은 피하고 주머니가 적은 것
  ③ 옷소매 폭이 넓지 않고 조일 수 있으며 팔·발이 노출되지 않을 것
  ④ 화기 사용 시 방염성·불연성 재질일 것

  > 🔍 **더 알아보기**
  > 배터리 전해액처럼 강산, 알칼리 등의 액체를 취급할 때 : 고무로 만든 옷

- 운반 및 하역 작업 시 복장 및 보호구
  ① 상의 작업복은 소매가 손목에 밀착되어야 함
  ② 하의 작업복은 바지 끝 부분을 안전화 속에 넣거나 밀착되게 함
  ③ 유해, 위험물의 취급 시 방호 가능한 보호구 착용

  > **오답피하기** 방독면, 방화 장갑을 항상 착용하여야 함(×)

- 안전대의 용도

작업 제한	개구부 또는 측면이 개방 형태로 추락할 위험이 있는 경우 작업자의 행동반경을 제한하여 추락을 방지
작업 자세 유지	전신주 작업 등에서 작업 시 작업을 할 수 있는 자세를 유지시켜 추락을 방지
추락 억제	철골 구조물 또는 비계작업 중 추락 시 충격흡수장치가 부착된 짐줄을 사용하여 추락하중을 신체에 고루 분산하여 추락하중을 감소시킴

안전장치 및 안전수칙

- 지게차의 안전장치
  ① 주행 연동 안전벨트
  ② 후방 접근 경보장치
  ③ 대형 후사경
  ④ 룸 미러
  ⑤ 포크 위치 표시
  ⑥ 지게차의 식별을 위한 형광 테이프 부착
  ⑦ 경광등 설치
  ⑧ 출입 안전문 설치
  ⑨ 포크 받침대

- 작업장의 안전수칙
  ① 작업복과 안전장구는 반드시 착용
  ② 각종 기계를 불필요하게 공회전시키지 않음
  ③ 기계의 청소나 손질은 운전을 정지시킨 후 실시
  ④ 위험한 작업장에서는 안전수칙을 부착하여 사고 예방
  ⑤ 작업이 끝나면 사용 공구는 정위치에 정리·정돈하고 항상 청결하게 유지함
  ⑥ 작업장에서 중량물을 들어 올리는 경우 체인블록을 이용하여 들어올리는 것이 안전함
  ⑦ 정해진 장소에서만 흡연하고 연소하기 쉬운 물질은 특히 주의

> **오답피하기**
> - 공구는 오래 사용하기 위하여 기름을 묻혀서 사용한다(×).
> - 기름 묻은 걸레는 한쪽으로 쌓아 둔다(×).

> **더 알아보기**
> 안전수칙 : 안전보호구 지급 착용, 안전 보건표지 부착, 안전 보건교육 실시, 안전작업 절차 준수

- **안전장치에 관한 사항**
  ① 안전장치는 반드시 활용할 것
  ② 안전장치가 불량할 때는 즉시 수정한 다음 작업할 것
  ③ 안전장치 점검은 작업 전에 할 것

  > **오답피하기** 작업 형편상 부득이한 경우에는 일시적으로 제거해도 좋다(×).

- **장갑을 착용하지 말아야 하는 작업**
  ① 연삭 작업
  ② 해머 작업
  ③ 정밀기계 작업
  ④ 드릴 작업

- **위험요소 판단**

화물의 낙하재해 예방	화물의 적재 상태 확인, 허용 하중을 초과한 적재 금지, 마모가 심한 타이어 교체, 무자격자는 운전 금지, 작업장 바닥의 요철 확인
지게차의 협착 및 충돌재해 예방	지게차 전용 통로 확보, 지게차 운행구간별 제한속도 지정 및 표지판 부착, 교차로 등 사각지대에 반사경 설치, 불안전한 화물 적재 금지, 시야를 확보하도록 적재, 경사진 노면에 지게차를 방치하지 않음
지게차의 전도재해 예방	연약한 지반에서는 받침판을 사용하고 편하중에 주의, 지게차의 용량을 무시하고 무리하게 작업하지 않음, 급선회·급제동·오작동 등을 하지 않음, 화물의 적재중량보다 작은 소형 지게차로 작업하지 않음
추락재해 예방	운전석 이외에 작업자 탑승 금지, 난폭운전 금지 및 유도자의 신호에 따라 작업, 작업 전 안전벨트를 착용하고 작업, 지게차를 이용한 고소작업 금지

> **더 알아보기**
> - 전도 : 미끄러짐을 포함하여 넘어지는 것으로 사람이 바닥 등에 있는 장애물로 인해 넘어지는 재해를 포함
> - 협착 : 장비의 움직이는 부분 사이 또는 움직이는 부분과 고정부분 사이에 신체 또는 신체의 일부분이 끼이거나 물리는 것

- **지게차 작업자의 안전 유의사항**
  ① 지게차에는 운전자만 탑승할 것
  ② 안전 부착물 부착 : 포크 위치 표시 등
  ③ 작업장치는 운전자만 작동할 것
  ④ 운전자 정위치에서 작업장치를 작동할 것
  ⑤ 운전자의 복장, 손, 안전화, 운전석 바닥 오염 시 세척할 것
  ⑥ 작업장치와 주행장치의 작동 상태를 점검할 것

  > **더 알아보기**
  > - 작업장치 점검 : 리프트 실린더 및 틸트 실린더 레버를 조작하여 실린더 작동 상태 점검, 실 부분 등의 유압오일 누유 여부 점검
  > - 주행장치 점검 : 전·후진 레버 점검, 제동장치 점검, 주차 브레이크 점검

산업안전 표지판의 종류

① **금지표지** : 위험한 어떤 일이나 행동 등을 하지 못하도록 제한하는 표지
※ 바탕은 흰색, 기본모형은 빨간색, 관련 부호 및 그림은 검정색

② **경고표지** : 조심하도록 미리 주의를 주는 표지로 직접적으로 위험한 것, 위험한 장소에 대한 표지

※ 바탕은 노란색, 기본모형과 관련 부호 및 그림은 검정색

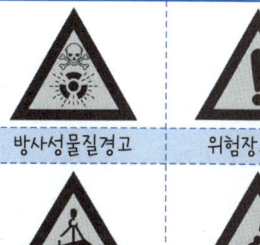		
방사성물질경고	위험장소경고	고압전기경고
매달린물체경고	낙하물경고	고온경고
저온경고	몸균형상실경고	레이저광선경고

※ 바탕은 흰색, 기본모형은 빨간색, 관련 부호 및 그림은 검정색

인화성물질 경고	산화성물질 경고	폭발성물질 경고	급성독성물질 경고
부식성물질 경고	발암성·변이원성·생식독성· 전신독성·호흡기과민성물질 경고		

③ 지시표지 : 불안전 행위, 부주의에 의한 위험이 있는 장소를 나타내는 표지

※ 바탕은 파란색, 관련 그림은 흰색

보안경착용	방독마스크착용	방진마스크착용
보안면착용	안전모착용	귀마개착용
안전화착용	안전장갑착용	안전복착용

④ 안내표지 : 응급구호표지, 방향표지, 지도표지 등 안내를 나타내는 표지

※ 바탕은 녹색, 관련 부호 및 그림은 흰색

녹십자표지	응급구호표지	들것	세안장치
비상용 기구	비상구	좌측비상구	우측비상구

안전장치 선정 시 고려사항

① 위험부분에는 안전 방호 장치가 설치되어 있을 것
② 강도나 기능 면에서 신뢰도가 클 것
③ 작업하기 불편하지 않은 구조일 것

오답피하기 안전장치 기능 제거를 용이하게 할 것(×)

🔍 **더 알아보기**

안전사고의 발생요인 : 작업자의 불안전한 행동에 의한 경우가 많음

기계시설의 안전 유의사항

① 회전부분(기어, 벨트, 체인) 등은 위험하므로 반드시 커버를 씌워둘 것
② 작업장 통로는 근로자가 안전하게 다닐 수 있도록 정리정돈할 것
③ 작업장의 바닥은 보행에 지장을 주지 않도록 청결하게 유지할 것
④ 기계 작업 시 적절한 안전거리를 유지할 것
⑤ 기계 작업 시 이상한 소리가 날 경우 즉시 작동을 멈출 것

> [오답피하기] 발전기, 용접기, 엔진 등 장비는 한 곳에 모아서 배치한다(×).

📋 작업장에서 지켜야 할 준수사항

① 작업장에서는 급히 뛰지 말 것
② 불필요한 행동을 삼갈 것
③ 대기 중인 차량엔 고임목을 고여 둘 것
④ 작업 중 부상을 입은 경우 즉시 응급조치하고 보고할 것
⑤ 통로나 마룻바닥에 공구나 부품을 방치하지 말 것
⑥ 밀폐된 실내에서는 장비의 시동을 걸지 말 것

> [오답피하기] 공구를 전달할 경우 시간절약을 위해 가볍게 던질 것(×)

📋 작업 시 안전수칙

■ 주행 시 안전수칙

① 작업장 내에서는 제한속도 10km/h 이하 준수
② 운전 시야 불량 시 유도자의 지시에 따라 전후좌우를 충분히 관찰 후 운행
③ 진입로, 교차로 등 시야가 제한되는 장소에서는 주행속도를 줄이고 운행
④ 비포장, 경사로, 굴곡이 있거나 좁은 통로 등에서 급주행, 급정지, 급선회를 하지 않음
⑤ 다른 차량과 안전 차간거리 유지
⑥ 선회 시 뒷바퀴에 주의하여 천천히 선회하며 다른 작업자나 구조물과의 충돌에 주의
⑦ 후진 시에는 경광등과 경적 사용
⑧ 도로상을 주행할 때에는 보행자와 작업자가 식별할 수 있도록 포크의 선단에 표식 부착

> [오답피하기] 지게차 주행 시 포크의 끝을 밖으로 경사지게 한다(×).

■ 적재작업 시 안전수칙

① 적재중량 준수
② 적재할 화물의 앞에서 안전한 속도로 감속
③ 화물 앞에서 정지하여 마스트를 수직으로 조정
④ 화물의 폭에 따라 포크 간격을 조절하여 화물 무게의 중심이 중앙에 오도록 조정
⑤ 지게차가 화물에 대해 똑바로 향하고 파렛트 또는 스키드에 포크의 삽입 위치를 확인하고 포크를 수평으로 유지하여 천천히 삽입
⑥ 포크를 지면으로부터 10cm 들어 올려 화물의 안정상태와 포크에 대한 편하중 확인
⑦ 마스트를 뒤로 충분하게 기울이고 포크를 지면으로부터 20cm 높이로 유지

■ 운반 시 안전수칙

① 마스트를 뒤로 충분히 기울인 상태에서 포크 높이를 지면으로부터 20cm 유지하며 운반
② 적재한 화물이 운전 시야를 가릴 때는 장애물과 보행자에 주의하면서 후진주행하거나 유도자를 배치하여 감속 주행
③ 주행 시 이동방향을 확인하고 작업장 바닥과의 간격을 유지하면서 화물 운반
④ 경사로를 올라가거나 내려올 때는 적재물이 경사로의 위쪽을 향하도록 하고 경사로를 내려오는 경우에는 엔진 브레이크를 사용하여 천천히 내려옴
⑤ 화물 적재 상태에서 지상에서부터 30cm 이상 들어 올리거나 마스트를 수직이나 앞으로 기울인 상태에서 주행 불가
⑥ 사람을 태우거나 포크 밑으로 사람을 출입하게 하여서는 안 되며 적재하중이 무거워 전륜의 뒷쪽이 들리는 듯한 상태로 주행 불가

> [오답피하기] 적재물을 운반할 때 화물이 무거워 뒷바퀴가 뜬 경우 카운터 웨이트에 사람을 탑승시킨다(×).

■ 하역작업 시 안전수칙

① 화물을 적재할 장소에 도착하면 안전한 속도로 감속하여 적재할 장소 앞에 정지

② 적재하고 있는 화물의 붕괴, 파손 등의 위험 여부 확인
③ 마스트를 수직으로 하고 포크를 수평으로 유지하며 하역할 위치보다 약간 높은 위치까지 포크를 상승
④ 지게차를 천천히 주행하여 내려놓을 위치를 확인한 후 적재할 장소에 화물 하역

스패너 및 렌치

렌치의 종류

조정렌치	제한된 범위 내에서 어떠한 규격의 볼트나 너트에도 사용할 수 있음
복스렌치	여러 방향에서 사용이 가능하며 볼트나 너트의 주위를 감싸는 형태로 미끄러지지 않음
토크렌치	볼트 등을 조일 때 조이는 힘을 측정하기 위하여 쓰이는데, 오른손은 렌치 끝을 잡고 돌리며 왼손은 지지점을 누르고 눈은 게이지 눈금을 확인할 것
오픈엔드렌치	한쪽 또는 양쪽이 벌어진 형태로 연료 파이프의 피팅을 풀거나 조일 때 사용
소켓렌치	복스렌치의 일종으로 큰 힘으로 조일 때 사용하며 다양한 크기의 소켓을 바꿔가며 작업할 수 있음
조합렌치	한쪽은 오픈엔드렌치, 한쪽은 복스렌치로 된 것
파이프렌치	관을 설치하거나 분해하는 경우 나사를 돌릴 때 사용되며 꽉 물려 미끄러지지 않음

스패너 및 렌치 작업 시 유의사항

① 볼트, 너트에 맞는 것을 사용하며 자루에 파이프를 이어서 사용하지 말 것
② 몸 쪽으로 당길 때 힘이 걸리도록 하여 볼트와 너트를 풀거나 조임
③ 해머 대용이나 지렛대용으로 사용하지 않을 것
④ 조정렌치는 고정조에 당기는 힘이 가해지도록 할 것
⑤ 파이프렌치는 한쪽 방향으로만 힘을 가하여 사용할 것

오답피하기
• 해머 필요 시 대용으로 사용한다(×).
• 스패너 자루에 조합렌치를 연결해서 사용하여도 된다(×).

작업안전

드라이버 작업안전

① 드라이버에 충격이나 압력을 가하지 말고 자루가 쪼개지거나 허술한 것은 사용하지 말 것
② (-)드라이버의 날 끝은 평평한 것이어야 함
③ 이가 빠지거나 둥글게 된 것은 사용하지 말고 항상 양호하게 관리할 것
④ 드라이버 날 끝이 나사 홈의 너비와 길이에 맞는 것을 사용할 것
⑤ 전기 작업 시 절연손잡이로 된 드라이버를 사용할 것
⑥ 작은 부품의 경우 바이스에 고정시키고 작업할 것

오답피하기
필요에 따라서 정 대신으로 사용한다(×).

더 알아보기
손이 닿지 않는 작업이 불편한 곳에서 나사를 조이는 경우라면 자석의 성질을 가진 드라이버를 사용함

해머 작업안전

① 장갑을 끼고 해머를 사용하지 말 것
② 해머 작업 중에는 수시로 해머 상태를 확인할 것
③ 해머 작업 시 타격면을 주시할 것
④ 작업에 알맞은 무게의 해머를 사용
⑤ 해머를 사용할 때 자루 부분을 확인하며 단단한 것을 사용하고 자루가 불안정한 것(쐐기가 없는 것 등)은 사용하지 말 것
⑥ 공동으로 해머 작업 시는 호흡을 맞출 것
⑦ 열처리된 재료는 해머로 때리지 않도록 주의할 것
⑧ 녹이 있는 재료를 작업할 때는 보호안경을 착용할 것

> **오답피하기**
> - 해머 작업에서 열처리된 것은 강하게 때린다(×).
> - 해머는 처음부터 힘차게 때린다(×).
> - 열처리된 장비의 부품은 강하므로 힘껏 때린다(×).
> - 장갑을 끼고 시작은 강하게, 점차 약하게 타격한다(×).

■ 벨트 작업안전
① 벨트 교환 시 회전을 완전히 멈춘 상태에서 할 것
② 벨트의 적당한 유격을 유지하도록 할 것
③ 고무벨트에는 기름이 묻지 않도록 할 것
④ 벨트가 풀리에 감겨 돌아가는 부분은 커버나 덮개를 설치할 것

> **오답피하기** 벨트의 회전을 정지할 때 손으로 잡을 것(×)

■ 가스 용접 작업안전
① 산소용기는 녹색, 아세틸렌용기는 황색으로 용기의 온도는 40℃ 이하로 유지하며 반드시 세워서 보관할 것
② 산소 및 아세틸렌가스 누설 시험에는 비눗물을 사용할 것
③ 토치 끝으로 용접물의 위치를 바꾸거나 재를 제거하지 말 것
④ 용접 가스를 들이마시지 않도록 할 것
⑤ 토치에 점화시킬 때에는 아세틸렌 밸브를 먼저 열고 다음에 산소 밸브를 열 것
⑥ 반드시 소화기를 준비하고 작업할 것

> **더 알아보기**
> 아세틸렌가스 용접의 특징 : 불꽃의 온도와 열효율이 낮음, 이동성이 좋고 설비비가 저렴함, 유해광선이 아크 용접보다 적게 발생함

■ 전기용접 아크광선의 작업안전
① 전기용접 아크에는 다량의 자외선이 포함되어 있음
② 전기용접 아크를 볼 때에는 헬멧이나 실드를 사용할 것
③ 전기용접 아크 빛이 직접 눈으로 들어오면 전광성 안염 등의 눈병이 발생할 수 있으므로 주의할 것

> **오답피하기** 전기용접 아크 빛에 의해 눈이 따가울 때에는 따뜻한 물로 눈을 닦는다(×).

감전재해

■ 전기용접 작업 시 용접기에 감전되는 경우
① 발밑에 물이 있을 때
② 몸에 땀이 배어 있을 때
③ 옷이 비에 젖어 있을 때

> **오답피하기** 앞치마를 하지 않았을 때(×)

■ 감전사고의 요인
① 충전부에 직접 접촉될 경우나 안전거리 이내로 접근하였을 때
② 전기 기계나 기구의 절연변화, 손상, 파손 등에 의한 표면누설로 인하여 누전되어 있는 것에 접촉하여 인체가 통로로 되었을 경우
③ 콘덴서나 고압케이블 등의 잔류전하에 의할 경우
④ 전기기기 등의 외함과 대지 간의 정전용량에 의한 전압 발생부분 접촉 시
⑤ 누전상태의 전기기기에 인체가 접촉된 경우
⑥ 전선이나 전기기기의 노출된 충전부의 양단간에 인체가 접촉된 경우

> **오답피하기**
> - 송전선로의 철탑을 손으로 만졌을 경우(×)
> - 작업 시 절연장비 및 안전장구 착용한 경우(×)

■ 감전재해 사고발생 시 취해야 할 조치
① 피해자가 지닌 금속체가 전선 등에 접촉되었는가를 확인함
② 설비의 전기 공급원 스위치를 내림
③ 전원을 끄지 못했을 때는 고무장갑이나 고무장화를 착용하고 피해자를 구출함
④ 피해자 구출 후 응급조치를 하고 특별한 증상이 없더라도 병원치료를 받도록 함

> **더 알아보기**
> 인체에 전류가 흐를 시 위험 정도의 결정요인 : 인체에 흐른 전류의 크기, 인체에 전류가 흐른 시간, 전류가 인체에 통과한 경로

수공구 사용 시 안전수칙

- **수공구 사용 시 주의사항**
  ① 작업에 적합한 수공구를 이용할 것
  ② 용도 이외에는 사용하지 않을 것
  ③ 사용 전에 이상 유무를 반드시 확인할 것
  ④ 규격에 맞는 공구를 사용할 것
  ⑤ 사용 후에는 정해진 장소에 보관하고 주위를 정리 정돈할 것
  ⑥ 손이나 공구에 묻은 기름, 물 등을 닦아내고 청결한 상태에서 보관할 것
  ⑦ 공구를 취급할 때에 올바른 방법으로 사용할 것

  > **오답피하기**
  > • 볼트 및 너트의 조임에 파이프렌치를 사용한다(×).
  > • 공구를 사용한 후 녹슬지 않도록 반드시 오일을 바른다(×).
  > • 수공구는 그 목적 외에 다목적으로 사용한다(×).

- **수공구 사용상의 재해 원인**
  ① 잘못된 공구 선택
  ② 사용법 미숙지
  ③ 공구의 점검 소홀

화재안전

- **화재의 분류**

A급 화재	일반화재(고체연료의 화재)
B급 화재	휘발유, 벤젠 등의 유류(기름)화재
C급 화재	전기화재
D급 화재	금속화재, 카바이드

> **더 알아보기**
> • A급 화재는 연소 후 재를 남김
> • 화재가 발생하기 위해서는 가연성 물질, 산소, 점화원이 반드시 필요함

- **소화기의 종류**

이산화탄소 소화기	유류화재, 전기화재 모두 적용 가능, 질식 작용에 의해 화염을 진화하기 때문에 실내 사용 시 특히 주의 필요
포말소화기	목재, 섬유 등 일반화재에도 사용, 가솔린과 같은 유류나 화학 약품의 화재에도 적당하나 전기화재에는 부적당함
분말소화기	미세한 분말 소화제를 화염에 방사시켜 진화시킴
물 분무 소화설비	연소물의 온도를 인화점 이하로 냉각시키는 효과가 있음

  > **오답피하기**
  > • 유류 화재시 표면에 물을 붓는다(×).
  > • 카바이드 및 유류에는 물을 뿌린다(×).

점검사항

- **일상점검 사항**

작업 전 점검	외관 점검, 각부 누유, 누수 점검, 엔진 오일 양 점검, 냉각수 양 점검, 유압오일 양 점검, 팬벨트 장력 점검, 타이어 외관 상태 점검, 공기청정기 엘리먼트 청소, 축전지 점검 등
작업 중 점검	지게차 작업 중 실시하는 점검으로 지게차에서 발생하는 이상한 소리, 이상한 냄새, 배기색 확인 등
작업 후 점검	지게차 외관의 변형 및 균열 점검, 각부 누유·누수 점검, 연료 보충 등

- **작업 전 점검사항**
  ① 지게차의 외관 점검 : 지게차가 안전하게 주기되었는지 확인 → 오버 헤드가드 점검 → 백 레스트 점검 → 포크 점검 → 핑거보드 점검
  ② 타이어 손상 및 공기압 점검
  ③ 작업 전 장비 점검 : 팬벨트의 장력 점검 → 공기청정기 점검 → 그리스 주입 상태 점검 → 후진 경보장치 점검 → 룸 미러 점검 → 전조등과 후미등 점등 여부 점검
  ④ 제동장치 및 조향장치 점검
  ⑤ 엔진 시동 후 소음 상태 및 공회전 상태 점검

- **타이어의 역할 및 손상 점검**
  ① 타이어의 역할 : 지게차의 하중을 지지함, 지게차의 동력과 제동력을 전달함, 노면에서의 충격을 흡수함
  ② 타이어의 마모 한계 : 마모가 심한 타이어는 빗길 운전 시 수막현상 발생률이 높아져 사고의 위험이 높음, △형이 표시된 부분에서 홈 속에 돌출된 부분이 마모 한계를 표시하므로 이를 확인하여 타이어의 교체 시기 결정
  ③ 타이어 마모 한계를 초과하여 사용 시 발생되는 현상 : 제동력이 저하되어 브레이크를 밟아도 타이어가 미끄러져 제동거리가 길어짐, 우천에서 주행 시 도로와 타이어 사이의 물이 배수가 잘 되지 않아 타이어가 물에 떠있는 것과 같은 수막현상이 발생함, 도로 주행 시 도로의 작은 이물질에 의해서도 타이어 트레드에 상처가 발생하여 사고의 원인이 됨

  > 🔍 **더 알아보기**
  > 타이어의 마모 한계 : 소형차는 1.6mm/ 중형차는 2.4mm/ 대형차는 3.2mm

- **브레이크 고장 점검**
  ① 브레이크 라이닝과 드럼과의 간극이 클 때 : 브레이크 작동이 늦어짐, 브레이크 페달의 행정이 길어짐, 브레이크 페달이 발판에 닿아 제동 작용이 불량해짐
  ② 브레이크 라이닝과 드럼과의 간극이 작을 때 : 라이닝과 드럼의 마모가 촉진됨, 베이퍼 록의 원인이 됨
  ③ 브레이크 제동 불량 원인 : 브레이크 회로 내의 오일 누설 및 공기 혼입, 라이닝에 기름이나 물 등이 묻어 있을 때, 라이닝 또는 드럼의 과도한 편마모, 라이닝과 드럼의 간극이 너무 큰 경우, 브레이크 페달의 자유간극이 너무 큰 경우

  > 🔍 **더 알아보기**
  > 브레이크 제동상태 점검 : 포크를 지면으로부터 20cm 들어 올림 → 브레이크 페달을 밟은 채 전·후진 기어를 전진에 넣음 → 주차 브레이크를 해제함 → 브레이크 페달에서 발을 떼고 가속페달을 서서히 밟음 → 브레이크 페달을 밟아 제동이 되면 제동장치는 정상

- **조향장치의 고장 점검**
  ① 조향핸들이 무거운 원인 : 타이어의 공기압이 부족할 때, 조향기어의 백래시가 작을 때, 조향기어 박스의 오일 양이 부족할 때, 앞바퀴 정렬이 불량할 때, 타이어의 마멸이 과대할 때
  ② 핸들 조작 상태 점검 : 핸들을 왼쪽 및 오른쪽으로 끝까지 돌렸을 때 양쪽 바퀴의 돌아가는 위치의 각도가 같으면 정상

  > **오답피하기** 조향핸들이 무거운 원인은 펌프의 회전이 빠르기 때문이다(×).

- **누유와 누수 확인**
  ① 엔진오일의 누유 점검
  ② 냉각수의 누수 점검
  ③ 유압오일의 누유 점검
  ④ 제동장치의 누유 점검
  ⑤ 조향장치의 누유 점검

  > 🔍 **더 알아보기**
  > 유압오일 유면표시기 : 유압오일 탱크 내의 유압오일 양을 점검할 때 사용되는 표시기로 유면표시기에는 아래쪽에 L(low or min), 위쪽에 F(full or max)의 눈금이 표시되어 있는데 유압오일 양이 유면표시기의 L과 F 중간에 위치하고 있으면 정상

- **계기판 점검**
    ① 작업 전 점검을 위해 지게차 주기 상태를 육안으로 확인
    ② 엔진오일 윤활압력 게이지를 점검 : 엔진오일 색 점검
    ▶ 검은색이면 심하게 오염된 경우로 점도를 점검하고 엔진오일 교환
    ▶ 우유색이면 냉각수가 혼합된 것
    ▶ 회색이면 엔진에서 사용하던 오일에 냉각수가 유입된 것
    ③ 냉각수 온도게이지 점검
    ④ 연료게이지 점검
    ⑤ 축전지 충전 상태 점검 : 팬벨트의 장력 점검
    ⑥ 방향지시등 및 전조등 점검 및 아워미터 점검

    > 🔍 **더 알아보기**
    > 팬벨트가 느슨해져 있으면 발전기의 구동능력을 저하시켜 발전능력을 저하시키는 원인이 됨, 장력이 너무 커서 팽팽하면 발전기 베어링이 손상됨

- **마스트·체인 점검**
    ① 포크와 체인의 연결 부위 균열 상태 점검
    ② 마스트 상하 작동 상태 점검
    ③ 리프트 체인 및 마스트 베어링 상태 점검
    ④ 좌우 리프트 체인 점검

- **엔진시동 상태 점검**
    ① 축전지 단자 및 결선 상태를 점검
    ② 축전지 충전 상태를 점검
    ③ 예열플러그 작동 여부 및 예열시간 점검
    ④ 시동전동기 작동 상태 점검
    ⑤ 난기운전 실시 : 엔진의 난기운전은 시동에서 시작하여 시동 후 기관이 정상 작동온도에 도달할 때까지의 시간을 의미, 지게차 난기운전은 작업 전 유압오일 온도를 최소 20℃~27℃ 이상이 되도록 상승시키는 운전

    > 🔍 **더 알아보기**
    > MF 축전지의 점검방법 : 점검 창의 색깔로 확인
    > • 초록색 : 충전된 상태
    > • 검정색 : 방전된 상태(충전 필요)
    > • 흰색 : 축전지 점검(축전지 교환)

- **작업 후 점검**
    ① 안전주차하기
    ② 연료 및 충전상태 점검하기
    ③ 외관 점검하기
    ④ 작업 및 관리일지 작성하기

지게차의 안전작업

- **지게차의 안전작업 조건**
    ① 화물의 무게는 차체무게를 초과할 수 없음
    ② 지게차의 안정을 유지하기 위한 조건

    ```
    M1 < M2
    M1 : W×a 화물의 모멘트
    M2 : G×b 지게차의 모멘트
    ```

    ▶ W : 포크중심에서의 화물의 중량(kg)
    ▶ G : 지게차 중심에서의 지게차 중량(kg)
    ▶ a : 앞바퀴에서 화물 중심까지의 최단거리(cm)
    ▶ b : 앞바퀴에서 지게차 중심까지의 최단거리(cm)

    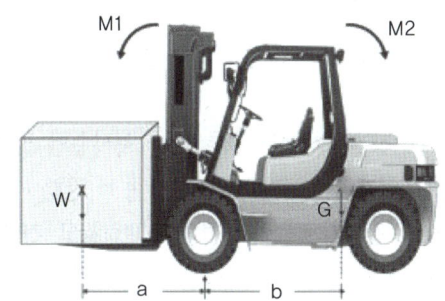

- **지게차의 안정도**

하역작업 시 전후 안정도	4%(5t 이상 : 3.5%)
주행작업 시 전후 안정도	18%
하역작업 시 좌우 안정도	6%
주행 시 좌우 안정도	(15+1.1V)% ▶ V : 최고 속도 km/h

건설기계사업의 종류

건설기계대여업	건설기계의 대여를 업(業)으로 하는 것
건설기계정비업	건설기계를 분해·조립 또는 수리하고 그 부분품을 가공제작·교체하는 등 건설기계를 원활하게 사용하기 위한 모든 행위(경미한 정비행위 등 국토교통부령으로 정하는 것은 제외한다)를 업으로 하는 것
건설기계매매업	중고(中古) 건설기계의 매매 또는 그 매매의 알선과 그에 따른 등록사항에 관한 변경신고의 대행을 업으로 하는 것
건설기계해체재활용업	폐기 요청된 건설기계의 인수(引受), 재사용 가능한 부품의 회수, 폐기 및 그 등록말소 신청의 대행을 업으로 하는 것

오답피하기 건설기계수입업(×)

건설기계관리법의 목적과 용어

① 목적 : 건설기계의 등록·검사·형식승인 및 건설기계사업과 건설기계조종사면허 등에 관한 사항을 정하여 건설기계를 효율적으로 관리하고 건설기계의 안전도를 확보하여 건설공사의 기계화를 촉진
② 용어

건설기계	건설공사에 사용할 수 있는 기계로서 대통령령으로 정하는 것
폐기	국토교통부령으로 정하는 건설기계 장치를 그 성능을 유지할 수 없도록 해체하거나 압축·파쇄·절단 또는 용해(鎔解)하는 것
건설기계사업	건설기계대여업, 건설기계정비업, 건설기계매매업 및 건설기계해체재활용업
중고건설기계	건설기계를 제작·조립 또는 수입한 자로부터 법률행위 또는 법률의 규정에 따라 건설기계를 취득한 때부터 사실상 그 성능을 유지할 수 없을 때까지의 건설기계
건설기계형식	건설기계의 구조·규격 및 성능 등에 관하여 일정하게 정한 것

건설기계의 등록

■ 건설기계의 등록
① 건설기계의 소유자는 대통령령으로 정하는 바에 따라 건설기계를 등록할 것
② 특별시장·광역시장·특별자치시장·도지사 또는 특별자치도지사에게 등록신청할 것
③ 건설기계를 취득한 날(판매를 목적으로 수입된 건설기계의 경우에는 판매한 날을 말한다)부터 2월 이내에 할 것

> **더 알아보기**
> 예외 인정 : 전시·사변 기타 이에 준하는 국가비상사태하에 있어서는 5일 이내 신청할 것

■ 건설기계 등록 시 제출 서류
① 건설기계의 출처를 증명하는 서류
▶ 해당 서류를 분실한 경우 해당 서류의 발행사실을 증명하는 서류(원본 발행기관에서 발행한 것으로 한정한다)로 대체 가능
▶ 국내에서 제작한 건설기계 : 건설기계제작증
▶ 수입한 건설기계 : 수입면장 등 수입사실을 증명하는 서류(타워크레인의 경우 건설기계제작증의 추가 제출 필요)
▶ 행정기관으로부터 매수한 건설기계 : 매수증서
② 건설기계의 소유자임을 증명하는 서류
③ 건설기계제원표
④ 「자동차손해배상 보장법」에 따른 보험 또는 공제의 가입을 증명하는 서류

> **더 알아보기**
> 보험 또는 공제의 가입을 증명하는 서류가 필요한 경우 : 덤프트럭, 타이어식 기중기, 콘크리트믹서트럭, 트럭적재식 콘크리트펌프, 트럭적재식 아스팔트살포기, 타이어식 굴착기, 트럭지게차, 도로보수트럭, 노면측정장비(노면측정장치를 가진 자주식인 것)

- **건설기계 등록사항의 변경**
  ① 방법 : 소유자 또는 점유자는 대통령령으로 정하는 바에 따라 이를 시·도지사에게 신고할 것
  ② 기한 : 변경이 있은 날부터 30일(상속의 경우에는 상속개시일부터 6개월)이내에 할 것
  ③ 변경신고 시 제출서류
  ▶ 건설기계등록사항변경신고서
  ▶ 첨부서류 : 변경내용을 증명하는 서류, 건설기계등록증, 건설기계검사증

- **건설기계의 등록 말소**
  소유자의 신청이나 시·도지사의 직권으로 등록 말소 가능
  ① 거짓이나 그 밖의 부정한 방법으로 등록을 한 경우
  ② 건설기계가 천재지변 또는 이에 준하는 사고 등으로 사용할 수 없게 되거나 멸실된 경우
  ③ 건설기계의 차대(車臺)가 등록 시의 차대와 다른 경우
  ④ 건설기계가 건설기계안전기준에 적합하지 아니하게 된 경우
  ⑤ 정기검사 명령, 수시검사 명령 또는 정비 명령에 따르지 아니한 경우
  ⑥ 건설기계를 수출하는 경우
  ⑦ 건설기계를 도난당한 경우
  ⑧ 건설기계를 폐기한 경우
  ⑨ 건설기계해체재활용업자에게 폐기를 요청한 경우
  ⑩ 구조적 제작 결함 등으로 건설기계를 제작자 또는 판매자에게 반품한 경우
  ⑪ 건설기계를 교육·연구 목적으로 사용하는 경우
  ⑫ 내구연한을 초과한 건설기계(다만, 정밀진단을 받아 연장된 경우는 그 연장기간을 초과한 건설기계)

> **더 알아보기**
> - 직권말소 : ①, ⑤, ⑧, ⑫
> - 말소 신청 기간 : ⑦의 경우 2개월 이내, 나머지는 사유 발생한 날부터 30일 이내

등록번호표

- **등록번호표의 표시**

구분		색상	일련번호
비사업용	관용	흰색 바탕의 검은색 문자	0001~0999
	자가용		1000~5999
대여사업용		주황색 바탕의 검은색 문자	6000~9999

오답피하기 수입용 - 적색 판에 흰색 문자(×)

- **등록번호표의 기종별 표시번호**

표시	기종	표시	기종
01	불도저	06	덤프트럭
02	굴착기	07	기중기
03	로더	08	모터그레이더
04	지게차	09	롤러
05	스크레이퍼	10	노상안정기

오답피하기 모든 번호표의 규격은 동일하다(×).

- **등록번호표의 제작**
  ① 시·도지사는 건설기계소유자에게 등록번호표제작 등을 할 것을 통지하거나 명령할 것
  ② 통지서 또는 명령서를 받은 건설기계소유자는 그 받은 날부터 3일 이내에 등록번호표제작자에게 그 통지서 또는 명령서를 제출하고 등록번호표제작 등을 신청할 것

③ 등록번호표제작자는 등록번호표제작 등의 신청을 받은 때에는 7일 이내에 등록번호표제작 등을 하여야 하며, 등록번호표제작 등 통지(명령)서는 이를 3년간 보존할 것

> **더 알아보기**
> 등록의 표식 : 등록된 건설기계에는 등록번호표를 부착 및 봉인하고 등록번호를 새겨야 함, 건설기계 소유자는 등록번호표 또는 그 봉인이 떨어지거나 알아보기 어렵게 된 경우에는 시·도지사에게 등록번호표의 부착 및 봉인을 신청하여야 함

■ **등록번호표의 반납**

등록된 건설기계의 소유자는 다음의 경우에 10일 이내에 등록번호표의 봉인을 떼어낸 후 그 등록번호표를 시·도지사에게 반납할 것
① 건설기계의 등록이 말소된 경우
② 건설기계의 등록사항 중 대통령령으로 정하는 사항이 변경된 경우
③ 등록번호표의 부착 및 봉인을 신청하는 경우

대형건설기계의 특별표지판

① 등록번호가 표시되어 있는 면에 부착할 것
② 대형건설기계의 기준
▶ 길이가 16.7미터를 초과하는 건설기계
▶ 너비가 2.5미터를 초과하는 건설기계
▶ 높이가 4.0미터를 초과하는 건설기계
▶ 최소회전반경이 12미터를 초과하는 건설기계
▶ 총중량이 40톤을 초과하는 건설기계(다만, 굴착기, 로더 및 지게차는 운전중량이 40톤을 초과하는 경우)
▶ 총중량 상태에서 축하중이 10톤을 초과하는 건설기계(다만, 굴착기, 로더 및 지게차는 운전중량 상태에서 축하중이 10톤을 초과하는 경우)

미등록 건설기계의 임시운행

① 등록신청을 하기 위하여 건설기계를 등록지로 운행하는 경우
② 신규등록검사 및 확인검사를 받기 위하여 건설기계를 검사장소로 운행하는 경우
③ 수출을 하기 위하여 건설기계를 선적지로 운행하는 경우
④ 수출을 하기 위하여 등록말소한 건설기계를 점검·정비의 목적으로 운행하는 경우
⑤ 신개발 건설기계를 시험·연구의 목적으로 운행하는 경우
⑥ 판매 또는 전시를 위하여 건설기계를 일시적으로 운행하는 경우

> **더 알아보기**
> 임시운행기간 : 15일 이내(다만, 신개발 건설기계를 시험·연구의 목적으로 운행하는 경우 3년 이내)

건설기계의 정기검사 유효기간

기종	연식	검사 유효기간
타워크레인	-	6개월
굴착기(타이어식), 기중기, 아스팔트살포기, 천공기, 항타 및 항발기, 터널용 고소작업차	-	1년
덤프트럭, 콘크리트 믹서트럭, 콘크리트펌프(트럭적재식), 도로보수트럭(타이어식), 트럭지게차(타이어식)	20년 이하	1년
	20년 초과	6개월
로더(타이어식), 지게차(1톤 이상), 모터그레이더, 노면파쇄기(타이어식), 노면측정장비(타이어식), 수목이식기(타이어식)	20년 이하	2년
	20년 초과	1년
그 밖의 특수건설기계, 그 밖의 건설기계	20년 이하	3년
	20년 초과	1년

> 🔍 **더 알아보기**
>
> **검사 유효기간의 연장기간**
> - 남북경제협력 등으로 북한지역의 건설공사에 사용되는 건설기계와 해외임대를 위하여 일시 반출되는 건설기계의 경우 : 반출기간
> - 압류된 건설기계의 경우 : 압류기간
> - 타워크레인 또는 천공기(터널보링식 및 실드굴진식에 한정)가 해체된 경우 : 해체되어 있는 기간

건설기계의 구조변경범위

① 원동기 및 전동기의 형식변경
② 동력전달장치의 형식변경
③ 제동장치의 형식변경
④ 주행장치의 형식변경
⑤ 유압장치의 형식변경
⑥ 조종장치의 형식변경
⑦ 조향장치의 형식변경
⑧ 작업장치의 형식변경(다만, 가공작업을 수반하지 아니하고 작업장치를 선택부착하는 경우에는 작업장치의 형식변경으로 보지 않음)
⑨ 건설기계의 길이·너비·높이 등의 변경
⑩ 수상작업용 건설기계의 선체 형식변경
⑪ 타워크레인 설치기초 및 전기장치의 형식변경
⑫ 건설기계의 기종변경, 육상작업용 건설기계규격의 증가 또는 적재함의 용량증가를 위한 구조변경은 불가

건설기계의 검사장소

① 해당 건설기계에 대한 시설을 갖춘 검사장소에서 검사해야 하는 경우
  ▶ 덤프트럭
  ▶ 콘크리트믹서트럭
  ▶ 콘크리트펌프(트럭적재식)
  ▶ 아스팔트살포기
  ▶ 트럭지게차(특수건설기계인 트럭지게차)

② 출장검사를 받을 수 있는 경우
  ▶ 도서지역에 있는 경우
  ▶ 자체중량이 40톤을 초과하거나 축하중이 10톤을 초과하는 경우
  ▶ 너비가 2.5미터를 초과하는 경우
  ▶ 최고속도가 시간당 35킬로미터 미만인 경우

건설기계정비업의 사업범위

① 종합건설기계정비업
② 부분건설기계정비업
③ 전문건설기계정비업 : 모든 건설기계에 대하여 각각 원동기, 유압장치에 관련된 항목

> 🔍 **더 알아보기**
>
> 건설기계정비업의 등록 : 건설기계정비업등록신청서에 국토교통부령이 정하는 서류를 첨부하여 시장·군수 또는 구청장에게 제출할 것

건설기계조종사면허

■ **건설기계조종사면허의 취득**

① 시장·군수 또는 구청장에게 건설기계조종사면허를 받아야 함
② 건설기계조종사면허는 국토교통부령으로 정하는 바에 따라 건설기계의 종류별로 받아야 함
③ 「국가기술자격법」에 따른 해당 분야의 기술자격을 취득하고 적성검사에 합격해야 함

> 🔍 **더 알아보기**
>
> **적성검사의 기준**
> - 두 눈을 동시에 뜨고 잰 시력(교정시력을 포함)이 0.7 이상이고 두 눈의 시력이 각각 0.3 이상일 것
> - 55데시벨(보청기를 사용하는 사람은 40데시벨)의 소리를 들을 수 있고, 언어분별력이 80퍼센트 이상일 것
> - 시각은 150도 이상일 것
> - 정신질환자 또는 뇌전증환자로서 국토교통부령으로 정하는 사람 내지 마약·대마·향정신성의약품 또는 알코올중독자로서 국토교통부령으로 정하는 사람에 해당되지 아니할 것

- **건설기계조종사면허의 결격사유**
  ① 18세 미만인 사람
  ② 건설기계 조종상의 위험과 장해를 일으킬 수 있는 정신질환자 또는 뇌전증환자로서 국토교통부령으로 정하는 사람
  ③ 앞을 보지 못하는 사람, 듣지 못하는 사람, 그 밖에 국토교통부령으로 정하는 장애인
  ④ 건설기계 조종상의 위험과 장해를 일으킬 수 있는 마약·대마·향정신성의약품 또는 알코올중독자로서 국토교통부령으로 정하는 사람
  ⑤ 건설기계조종사면허가 취소된 날부터 1년(①,②의 사유로 취소된 경우에는 2년)이 지나지 아니하였거나 건설기계조종사면허의 효력정지처분 기간 중에 있는 사람

- **건설기계조종사면허의 특례**

소형건설기계조종사면허로 조정하는 소형기계	1종 대형운전면허로 조정하는 건설기계
① 5톤 미만의 불도저	① 덤프트럭
② 5톤 미만의 로더	② 아스팔트살포기
③ 5톤 미만의 천공기(다만, 트럭적재식은 제외)	③ 노상안정기
④ 3톤 미만의 지게차	④ 콘크리트믹서트럭
⑤ 3톤 미만의 굴착기	⑤ 콘크리트펌프
⑥ 3톤 미만의 타워크레인	⑥ 천공기(트럭적재식을 말한다)
⑦ 공기압축기	⑦ 특수건설기계 중 국토교통부장관이 지정하는 건설기계
⑧ 콘크리트펌프(다만, 이동식에 한정)	
⑨ 쇄석기	
⑩ 준설선	

- **건설기계조종사면허의 취소 및 정지**

위반행위	처분기준
거짓이나 그 밖의 부정한 방법으로 건설기계조종사면허를 받은 경우	취소
건설기계조종사면허의 효력정지기간 중 건설기계를 조종한 경우	취소
건설기계조종사면허의 결격사유 규정 중 어느 하나에 해당하는 경우	취소
건설기계의 조종 중 고의 또는 과실로 중대한 사고를 일으킨 경우	
1) 인명피해	
① 고의로 인명피해(사망·중상·경상 등을 말한다)를 입힌 경우	취소
② 과실로 「산업안전보건법」 제2조제2호에 따른 중대재해가 발생한 경우	취소
③ 그 밖의 인명피해를 입힌 경우	
㉠ 사망 1명마다	면허효력정지 45일
㉡ 중상 1명마다	면허효력정지 15일
㉢ 경상 1명마다	면허효력정지 5일
2) 재산피해 : 피해금액 50만원마다	면허효력정지 1일(90일을 넘지 못함)
3) 건설기계의 조종 중 고의 또는 과실로 「도시가스사업법」에 따른 가스공급시설을 손괴하거나 가스공급시설의 기능에 장애를 입혀 가스의 공급을 방해한 경우	면허효력정지 180일
「국가기술자격법」에 따른 해당 분야의 기술자격이 취소되거나 정지된 경우	「국가기술자격법」에 따라 조치
건설기계조종사면허증을 다른 사람에게 빌려 준 경우	취소
술에 취하거나 마약 등 약물을 투여한 상태에서 조종한 경우	
1) 술에 취한 상태(혈중알코올농도 0.03퍼센트 이상 0.08퍼센트 미만)에서 건설기계를 조종한 경우	면허효력정지 60일
2) 술에 취한 상태에서 건설기계를 조종하다가 사고로 사람을 죽게 하거나 다치게 한 경우	취소
3) 술에 만취한 상태(혈중알코올농도 0.08퍼센트 이상)에서 건설기계를 조종한 경우	취소

4) 2회 이상 술에 취한 상태에서 건설기계를 조종하여 면허효력정지를 받은 사실이 있는 사람이 다시 술에 취한 상태에서 건설기계를 조종한 경우	취소
5) 약물(마약, 대마, 향정신성 의약품 및 「유해화학물질 관리법 시행령」에 따른 환각물질)을 투여한 상태에서 건설기계를 조종한 경우	취소
정기적성검사를 받지 않고 1년이 지난 경우	취소
정기적성검사 또는 수시적성검사에서 불합격한 경우	취소

- **건설기계조종사면허증의 반납**
  다음의 어느 하나에 해당하는 때 그 사유가 발생한 날부터 10일 이내에 시장·군수 또는 구청장에게 그 면허증을 반납할 것
  ① 면허가 취소된 때
  ② 면허의 효력이 정지된 때
  ③ 면허증의 재교부를 받은 후 잃어버린 면허증을 발견한 때

  > **오답피하기** 질병 등으로 당분간 건설기계 조종을 할 수 없는 경우(×)

📋 건설기계관리법 위반 시 벌칙

- **건설기계관리법 위반에 따른 2년 이하의 징역 또는 2천만원 이하의 벌금**
  ① 등록되지 아니한 건설기계를 사용하거나 운행한 자
  ② 등록이 말소된 건설기계를 사용하거나 운행한 자
  ③ 시·도지사의 지정을 받지 아니하고 등록번호표를 제작하거나 등록번호를 새긴 자
  ④ 검사대행자 또는 그 소속 직원에게 재물이나 그 밖의 이익을 제공하거나 제공 의사를 표시하고 부정한 검사를 받은 자
  ⑤ 건설기계의 주요 구조나 원동기, 동력전달장치, 제동장치 등 주요 장치를 변경 또는 개조한 자
  ⑥ 무단 해체한 건설기계를 사용·운행하거나 타인에게 유상·무상으로 양도한 자
  ⑦ 시정명령을 이행하지 아니한 자
  ⑧ 등록을 하지 아니하고 건설기계사업을 하거나 거짓으로 등록을 한 자
  ⑨ 등록이 취소되거나 사업의 전부 또는 일부가 정지된 건설기계사업자로서 계속하여 건설기계사업을 한 자

- **건설기계관리법 위반에 따른 1년 이하의 징역 또는 1천만원 이하의 벌금**
  ① 거짓이나 그 밖의 부정한 방법으로 등록을 한 자
  ② 등록번호를 지워 없애거나 그 식별을 곤란하게 한 자
  ③ 구조변경검사 또는 수시검사를 받지 아니한 자
  ④ 정비명령을 이행하지 아니한 자
  ⑤ 사용·운행 중지 명령을 위반하여 사용·운행한 자
  ⑥ 사업정지명령을 위반하여 사업정지기간 중에 검사를 한 자
  ⑦ 형식승인, 형식변경승인 또는 확인검사를 받지 아니하고 건설기계의 제작 등을 한 자
  ⑧ 사후관리에 관한 명령을 이행하지 아니한 자
  ⑨ 내구연한을 초과한 건설기계 또는 건설기계 장치 및 부품을 운행하거나 사용한 자
  ⑩ 내구연한을 초과한 건설기계 또는 건설기계 장치 및 부품의 운행 또는 사용을 알고도 말리지 아니하거나 운행 또는 사용을 지시한 고용주
  ⑪ 부품인증을 받지 아니한 건설기계 장치 및 부품을 사용한 자
  ⑫ 부품인증을 받지 아니한 건설기계 장치 및 부품을 건설기계에 사용하는 것을 알고도 말리지 아니하거나 사용을 지시한 고용주
  ⑬ 매매용 건설기계를 운행하거나 사용한 자
  ⑭ 폐기인수 사실을 증명하는 서류의 발급을 거부하거나 거짓으로 발급한 자
  ⑮ 폐기요청을 받은 건설기계를 폐기하지 아니하거나 등록번호표를 폐기하지 아니한 자
  ⑯ 건설기계조종사면허를 받지 아니하고 건설기계를 조종한 자

⑰ 건설기계조종사면허를 거짓이나 그 밖의 부정한 방법으로 받은 자
⑱ 소형 건설기계의 조종에 관한 교육과정의 이수에 관한 증빙서류를 거짓으로 발급한 자
⑲ 술에 취하거나 마약 등 약물을 투여한 상태에서 건설기계를 조종한 자와 그러한 자가 건설기계를 조종하는 것을 알고도 말리지 아니하거나 건설기계를 조종하도록 지시한 고용주
⑳ 건설기계조종사면허가 취소되거나 건설기계조종사면허의 효력정지처분을 받은 후에도 건설기계를 계속하여 조종한 자
㉑ 건설기계를 도로나 타인의 토지에 버려둔 자

■ 건설기계관리법 위반에 따른 300만원 이하의 과태료
① 등록번호표를 부착하지 아니하거나 봉인하지 아니한 건설기계를 운행한 자
② 정기검사를 받지 아니한 자
③ 건설기계임대차 등에 관한 계약서를 작성하지 아니한 자
④ 정기적성검사 또는 수시적성검사를 받지 아니한 자
⑤ 시설 또는 업무에 관한 보고를 하지 아니하거나 거짓으로 보고한 자
⑥ 소속 공무원의 검사·질문을 거부·방해·기피한 자
⑦ 정당한 사유 없이 직원의 출입을 거부하거나 방해한 자

■ 건설기계관리법 위반에 따른 100만원 이하의 과태료
① 수출의 이행 여부를 신고하지 아니하거나 폐기 또는 등록을 하지 아니한 자
② 등록번호표를 부착·봉인하지 아니하거나 등록번호를 새기지 아니한 자
③ 등록번호표를 가리거나 훼손하여 알아보기 곤란하게 한 자 또는 그러한 건설기계를 운행한 자
④ 등록번호의 새김명령을 위반한 자
⑤ 건설기계안전기준에 적합하지 아니한 건설기계를 사용하거나 운행한 자 또는 사용하게 하거나 운행하게 한 자
⑥ 조사 또는 자료제출 요구를 거부·방해·기피한 자
⑦ 검사유효기간이 끝난 날부터 31일이 지난 건설기계를 사용하게 하거나 운행하게 한 자 또는 사용하거나 운행한 자
⑧ 특별한 사정 없이 건설기계임대차 등에 관한 계약과 관련된 자료를 제출하지 아니한 자
⑨ 건설기계사업자의 의무를 위반한 자
⑩ 안전교육 등을 받지 아니하고 건설기계를 조종한 자

■ 건설기계관리법 위반에 따른 50만원 이하의 과태료
① 임시번호표를 붙이지 아니하고 운행한 자
② 신고를 하지 아니하거나 거짓으로 신고한 자
③ 등록의 말소를 신청하지 아니한 자
④ 변경신고를 하지 아니하거나 거짓으로 변경신고한 자
⑤ 등록번호표를 반납하지 아니한 자
⑥ 정비시설의 종류 및 규모에 따라 국토교통부령으로 정하는 범위에 따른 정비를 위반하여 건설기계를 정비한 자
⑦ 국토교통부령으로 정하는 바에 따라 건설기계의 형식에 관하여 국토교통부장관에게 신고를 하지 아니한 자
⑧ 건설기계사업자의 변경신고 등의 의무에 대해 신고를 하지 아니하거나 거짓으로 신고한 자
⑨ 건설기계사업의 양도·양수 등의 신고를 하지 아니하거나 거짓으로 신고한 자
⑩ 건설기계매매업자의 매매용 건설기계의 운행금지 등의 의무에 따른 신고를 하지 아니하거나 거짓으로 신고한 자
⑪ 등록말소사유 변경신고를 하지 아니하거나 거짓으로 신고한 자
⑫ 건설기계의 소유자 또는 점유자의 금지행위를 위반하여 건설기계를 세워 둔 자

도로교통법 주요 용어 정의

도로	• 「도로법」에 따른 도로 • 「유료도로법」에 따른 유료도로 • 「농어촌도로 정비법」에 따른 농어촌도로
자동차전용도로	자동차만 다닐 수 있도록 설치된 도로
고속도로	자동차의 고속 운행에만 사용하기 위하여 지정된 도로
횡단보도	보행자가 도로를 횡단할 수 있도록 안전표지로 표시한 도로의 부분
안전지대	도로를 횡단하는 보행자나 통행하는 차마의 안전을 위하여 안전표지나 이와 비슷한 인공구조물로 표시한 도로의 부분
안전표지	교통안전에 필요한 주의·규제·지시 등을 표시하는 표지판이나 도로의 바닥에 표시하는 기호·문자 또는 선 등
긴급자동차	다음의 자동차로서 그 본래의 긴급한 용도로 사용되고 있는 자동차 • 소방차, 구급차, 혈액 공급차량, 그 밖에 대통령령으로 정하는 자동차
주차	운전자가 승객을 기다리거나 화물을 싣거나 차가 고장 나거나 그 밖의 사유로 차를 계속 정지 상태에 두는 것 또는 운전자가 차에서 떠나 즉시 그 차를 운전할 수 없는 상태에 두는 것
정차	운전자가 5분을 초과하지 아니하고 차를 정지시키는 것으로서 주차 외의 정지 상태
서행(徐行)	운전자가 차 또는 노면전차를 즉시 정지시킬 수 있는 정도의 느린 속도로 진행하는 것

신호등의 신호 순서

3색 등화 신호 순서	녹색(적색 및 녹색화살표) → 황색 → 적색
4색 등화 신호 순서	녹색 → 황색 → 적색 및 녹색화살표 → 적색 및 황색 → 적색

🔍 더 알아보기

신호의 종류와 뜻
- 녹색의 등화
  - 보행자는 횡단보도를 횡단할 수 있음
  - 차마는 직진할 수 있고 다른 교통에 방해되지 않도록 천천히 우회전할 수 있음
  - 비보호 좌회전 표시가 있는 곳에서 신호에 따르는 다른 교통에 방해가 되지 않을 때에는 좌회전할 수 있음(다른 교통에 방해가 된 때에는 신호위반 책임을 짐)
- 황색의 등화
  - 보행자는 횡단을 하여서는 아니 됨
  - 이미 횡단을 하고 있는 보행자는 신속하게 횡단을 완료하거나 그 횡단을 중지하고 보도로 되돌아와야 함
  - 차마는 우회전을 할 수 있고 우회전하는 경우에는 보행자의 횡단을 방해하지 못함
  - 차마는 정지선이 있거나 횡단보도가 있을 때에는 그 직전이나 교차로의 직전에 정지하여야 하며, 이미 교차로에 진입하고 있는 경우에는 신속히 교차로 밖으로 진행하여야 함

신호 또는 지시에 따를 의무

도로를 통행하는 보행자, 차마 또는 노면전차의 운전자는 교통안전시설이 표시하는 신호 또는 지시와 다음의 해당하는 사람이 하는 신호 또는 지시를 따라야 함

① 교통정리를 하는 경찰공무원(의무경찰 포함) 및 제주특별자치도의 자치경찰공무원(자치경찰공무원)
② 경찰공무원(자치경찰공무원 포함)을 보조하는 사람으로서 다음의 사람(경찰보조자)

▶ 모범운전자
▶ 군사훈련 및 작전에 동원되는 부대의 이동을 유도하는 군사경찰
▶ 본래의 긴급한 용도로 운행하는 소방차·구급차를 유도하는 소방공무원

차마의 통행방법

■ 차로에 따른 통행차의 기준

도로	차로 구분	통행할 수 있는 차종
고속도로 외의 도로	왼쪽 차로	승용자동차 및 경형·소형·중형 승합자동차
	오른쪽 차로	대형승합자동차, 화물자동차, 특수자동차, 건설기계, 이륜자동차, 원동기장치자전거(개인형 이동장치는 제외)
고속도로 편도 2차로	1차로	앞지르기를 하려는 모든 자동차. 다만, 차량통행량 증가 등 도로상황으로 인하여 부득이하게 시속 80킬로미터 미만으로 통행할 수밖에 없는 경우에는 앞지르기를 하는 경우가 아니라도 통행 가능
	2차로	모든 자동차
고속도로 편도 3차로 이상	1차로	앞지르기를 하려는 승용자동차 및 앞지르기를 하려는 경형·소형·중형 승합자동차. 다만, 차량통행량 증가 등 도로상황으로 인하여 부득이하게 시속 80킬로미터 미만으로 통행할 수밖에 없는 경우에는 앞지르기를 하는 경우가 아니라도 통행 가능
	왼쪽 차로	승용자동차 및 경형·소형·중형 승합자동차
	오른쪽 차로	대형 승합자동차, 화물자동차, 특수자동차, 건설기계

■ 차마가 도로의 중앙이나 좌측 부분을 통행할 수 있는 경우

① 도로가 일방통행인 경우
② 도로의 파손, 도로공사나 그 밖의 장애 등으로 도로의 우측 부분을 통행할 수 없는 경우
③ 도로 우측 부분의 폭이 6미터가 되지 아니하는 도로에서 다른 차를 앞지르려는 경우. 다만, 다음의 어느 하나에 해당하는 경우는 통행 불가
▶ 도로의 좌측 부분을 확인할 수 없는 경우
▶ 반대 방향의 교통을 방해할 우려가 있는 경우
▶ 안전표지 등으로 앞지르기를 금지하거나 제한하고 있는 경우
④ 도로 우측 부분의 폭이 차마의 통행에 충분하지 아니한 경우
⑤ 가파른 비탈길의 구부러진 곳에서 교통의 위험을 방지하기 위하여 시·도경찰청장이 필요하다고 인정하여 구간 및 통행방법을 지정하고 있는 경우에 그 지정에 따라 통행하는 경우

■ 통행의 우선순위

① 교차로나 그 부근에서 긴급자동차가 접근하는 경우에는 차마와 노면전차의 운전자는 교차로를 피하여 일시정지할 것
② 모든 차(긴급자동차 제외)의 운전자는 뒤에서 따라오는 차보다 느린 속도로 가려는 경우 도로의 우측 가장자리로 피하여 진로 양보할 것
③ 좁은 도로에서 긴급자동차 외의 자동차가 서로 마주보고 진행할 때에는 다음의 구분에 따른 자동차가 도로의 우측 가장자리로 피하여 진로를 양보할 것
▶ 비탈진 좁은 도로에서 자동차가 서로 마주보고 진행하는 경우 : 올라가는 자동차
▶ 비탈진 좁은 도로 외의 좁은 도로에서 사람을 태웠거나 물건을 실은 자동차와 동승자(同乘者)가 없고 물건을 싣지 아니한 자동차가 서로 마주보고 진행하는 경우 : 동승자가 없고 물건을 싣지 아니한 자동차

■ 앞지르기가 금지되는 경우

① 앞차의 좌측에 다른 차가 앞차와 나란히 가고 있는 경우 앞차의 앞지르기 금지
② 앞차가 다른 차를 앞지르고 있거나 앞지르려고 하는 경우 앞차의 앞지르기 금지
③ 다른 차의 앞지르기가 금지된 경우
▶ 도로교통법이나 이 법에 따른 명령에 따라 정지하거나 서행하고 있는 차
▶ 경찰공무원의 지시에 따라 정지하거나 서행하고 있는 차
▶ 위험을 방지하기 위하여 정지하거나 서행하고 있는 차

> 🔍 **더 알아보기**
>
> 앞지르기 금지 장소 : 교차로, 터널 안, 다리 위, 도로의 구부러진 곳과 비탈길의 고갯마루 부근 또는 가파른 비탈길의 내리막 등 시·도경찰청장이 도로에서의 위험을 방지하고 교통의 안전과 원활한 소통을 확보하기 위하여 필요하다고 인정하는 곳으로서 안전표지로 지정한 곳

■ **주정차 금지**

① 교차로·횡단보도·건널목이나 보도와 차도가 구분된 도로의 보도(「주차장법」에 따라 차도와 보도에 걸쳐서 설치된 노상주차장은 제외)
② 교차로의 가장자리나 도로의 모퉁이로부터 5미터 이내인 곳
③ 안전지대가 설치된 도로에서는 그 안전지대의 사방으로부터 각각 10미터 이내인 곳
④ 버스여객자동차의 정류지(停留地)임을 표시하는 기둥이나 표지판 또는 선이 설치된 곳으로부터 10미터 이내인 곳. 다만, 버스여객자동차의 운전자가 그 버스여객자동차의 운행시간 중에 운행노선에 따르는 정류장에서 승객을 태우거나 내리기 위하여 차를 정차하거나 주차하는 경우는 제외
⑤ 건널목의 가장자리 또는 횡단보도로부터 10미터 이내인 곳
⑥ 다음의 곳으로부터 5미터 이내인 곳
▶ 「소방기본법」에 따른 소방용수시설 또는 비상소화장치가 설치된 곳
▶ 「소방시설 설치 및 관리에 관한 법률」에 따른 소방시설로서 대통령령으로 정하는 시설이 설치된 곳
⑦ 시·도경찰청장이 도로에서의 위험을 방지하고 교통의 안전과 원활한 소통을 확보하기 위하여 필요하다고 인정하여 지정한 곳
⑧ 시장 등이 지정한 어린이 보호구역

> 🔍 **더 알아보기**
>
> **주차금지의 장소**
> - 터널 안 및 다리 위
> - 다음의 곳으로부터 5미터 이내인 곳
>   - 도로공사를 하고 있는 경우에는 그 공사 구역의 양쪽 가장자리

- 「다중이용업소의 안전관리에 관한 특별법」에 따른 다중이용업소의 영업장이 속한 건축물로 소방본부장의 요청에 의하여 시·도경찰청장이 지정한 곳
- 시·도경찰청장이 도로에서의 위험을 방지하고 교통의 안전과 원활한 소통을 확보하기 위하여 필요하다고 인정하여 지정한 곳

📋 운전할 수 있는 차의 종류

| 운전면허 ||운전할 수 있는 차량 |
종별	구분	

제1종	대형면허	1. 승용자동차
		2. 승합자동차
		3. 화물자동차
		4. 건설기계
		  가. 덤프트럭, 아스팔트살포기, 노상안정기
		  나. 콘크리트믹서트럭, 콘크리트펌프, 천공기(트럭 적재식)
		  다. 콘크리트믹서트레일러, 아스팔트콘크리트재생기
		  라. 도로보수트럭, 3톤 미만의 지게차, 트럭지게차
		5. 특수자동차(대형견인차, 소형견인차 및 구난차 등 제외)
		6. 원동기장치자전거

	보통면허	1. 승용자동차 2. 승차정원 15명 이하의 승합자동차 3. 적재중량 12톤 미만의 화물자동차 4. 건설기계(도로를 운행하는 3톤 미만의 지게차로 한정한다) 5. 총중량 10톤 미만의 특수자동차(구난차 등은 제외한다) 6. 원동기장치자전거

제1종	소형면허	1. 3륜화물자동차 2. 3륜승용자동차 3. 원동기장치자전거
	특수면허 / 대형견인차	1. 견인형 특수자동차 2. 제2종 보통면허로 운전할 수 있는 차량
	특수면허 / 소형견인차	1. 총중량 3.5톤 이하의 견인형 특수자동차 2. 제2종 보통면허로 운전할 수 있는 차량
	특수면허 / 구난차	1. 구난형 특수자동차 2. 제2종 보통면허로 운전할 수 있는 차량
제2종	보통면허	1. 승용자동차 2. 승차정원 10명 이하의 승합자동차 3. 적재중량 4톤 이하의 화물자동차 4. 총중량 3.5톤 이하의 특수자동차 (구난차 등은 제외) 5. 원동기장치자전거
	소형면허	1. 이륜자동차(운반차를 포함) 2. 원동기장치자전거
	원동기장치자전거면허	원동기장치자전거

교통안전표지

교통안전표지의 종류

표지	설명
주의표지	도로상태가 위험하거나 도로 또는 그 부근에 위험물이 있는 경우에 필요한 안전조치를 할 수 있도록 이를 도로사용자에게 알리는 표지
규제표지	도로교통의 안전을 위하여 각종 제한·금지 등의 규제를 하는 경우에 이를 도로사용자에게 알리는 표지
지시표지	도로의 통행방법·통행구분 등 도로교통의 안전을 위하여 필요한 지시를 하는 경우에 도로사용자가 이에 따르도록 알리는 표지
보조표지	주의표지·규제표지 또는 지시표지의 주기능을 보충하여 도로사용자에게 알리는 표지
노면표시	도로교통의 안전을 위하여 각종 주의·규제·지시 등의 내용을 노면에 기호·문자 또는 선으로 도로사용자에게 알리는 표지

교통안전표지의 예

우로 굽은 도로	상습정체구간	우좌로이중 굽은도로	유턴금지
앞지르기금지	차중량제한	차높이제한	보행자보행금지
최고속도제한	최저속도제한	진입금지	좌회전 및 유턴
좌우회전	회전 교차로	양측방통행	우회로

운전자 준수사항

운전자 등의 의무 준수사항
① 무면허운전 등의 금지
② 술에 취한 상태에서의 운전 금지
③ 과로나 질병 또는 약물의 영향 등이 있는 때 운전 금지
④ 공동 위험행위의 금지

운전자의 준수사항
① 물이 고인 곳을 운행하는 때에는 고인 물을 튀게 하여 다른 사람에게 피해를 주는 일이 없도록 할 것
② 도로에서 자동차 등을 세워둔 채로 시비·다툼 등의 행위를 함으로써 다른 차마의 통행을 방해하지 아니할 것
③ 운전자가 차를 떠나는 경우에는 교통사고를 방지하고 다른 사람이 함부로 운전하지 못하도록 필요한 조치를 할 것
④ 운전자는 정당한 사유 없이 다른 사람에게 피해를 주는 소음을 발생시키지 아니할 것
⑤ 운전자는 자동차 등의 운전 중에는 휴대용 전화(자동차용 전화를 포함한다)를 사용하지 아니할 것
⑥ 운전자는 자동차의 화물 적재함에 사람을 태우고 운행하지 아니할 것
⑦ 운전자는 자동차를 운전하는 때에는 좌석안전띠를 매어야 하며, 모든 좌석의 동승자에게도 좌석안전띠(영유아인 경우에는 유아보호용 장구를 장착한 후의 좌석안전띠)를 매도록 할 것

운전면허의 취소

① 벌점·누산점수 초과로 인한 면허 취소
▶ 1년간 121점 이상
▶ 2년간 201점 이상
▶ 3년간 271점 이상

② 음주운전으로 인한 면허 취소
▶ 술에 취한 상태의 기준(혈중알코올농도 0.03% 이상)을 넘어서 운전을 하다가 교통사고로 사람을 죽게 하거나 다치게 한 때
▶ 혈중알코올농도 0.08% 이상의 상태에서 운전한 때
▶ 술에 취한 상태의 기준을 넘어 운전하거나 술에 취한 상태의 측정에 불응한 사람이 다시 술에 취한 상태(혈중알코올농도 0.03% 이상)에서 운전한 때

차의 등화

자동차	자동차안전기준에서 정하는 전조등(前照燈), 차폭등(車幅燈), 미등(尾燈), 번호등과 실내조명등(실내조명등은 승합자동차와 「여객자동차 운수사업법」에 따른 여객자동차운송사업용 승용자동차만 해당)
원동기장치자전거	전조등 및 미등
견인되는 차	미등, 차폭등 및 번호등
노면전차	전조등, 차폭등, 미등 및 실내조명등

고장 유형별 응급조치

문제의 원인	원인	조치방법
브레이크 성능 불량	브레이크액 부족	수리, 보충
	브레이크 연결 호스 및 라인 파손	수리, 교환
	디스크 패드 마모	교환
	휠 실린더 누유	수리, 교환
	베이퍼 록	수리
	페이드 현상	수리
타이어 펑크	타이어 과팽창	타이어 압력보다 140kPa 이상 높지 않게 맞춤
	타이어 노화	교환

전·후진 주행장치 고장 시	동력전달장치 불량	변속기 불량	수리, 교환
		앞구동축 불량	
		액슬장치 불량	
		최종감속장치 불량	
	조향장치 불량	조향장치 불량	수리, 교환
마스트 유압라인 고장		리프트 실린더 불량	수리, 교환
		유압호스 불량	
		피스톤 실 파손	
		틸트 실린더 불량	
		방향전환 밸브 불량	
		유압펌프 불량	
		압력조정 밸브 불량	
		유압필터 불량	

디젤기관

- **디젤기관의 특징**
  ① 디젤기관은 연료 압축착화 방식의 기관으로 공기를 실린더로 흡입하여 압축한 다음 압축열에 연료를 분사시켜 자연 착화시킴
  ② 경유를 연료로 사용함
  ③ 압축비가 가솔린기관보다 높고 출력효율이 좋음
  ④ 점화플러그, 배전기 등의 점화장치가 없음

- **디젤기관의 장단점**

장점	• 열효율이 높음 • 연료소비율이 낮음 • 인화점이 높은 경유 사용으로 화재위험이 적음
단점	• 폭발력이 커 소음, 진동과 무게가 큼 • 구성품의 내구성이 높아야 해서 제작비가 비쌈

행정 사이클 기관의 행정 순서

구분	흡입	압축	폭발(동력)	배기
흡입밸브	열림	닫힘	닫힘	닫힘
배기밸브	닫힘	닫힘	닫힘	열림
피스톤	하강	상승	하강	상승

실린더와 피스톤

- **실린더와 피스톤 사이의 간격**

클 때	• 블로바이 효과로 압축압력과 출력 저하, 대기오염 • 크랭크실 내 윤활유 유입으로 오일 소모 증가
작을 때	• 마찰로 인한 마멸 • 마찰열로 인한 실린더와 피스톤 소결(고착)

> 🔍 **더 알아보기**
> 실린더 마모가 가장 큰 부분 : 상사점 부근

- **피스톤이 고착되는 원인**
  ① 냉각수, 엔진오일 부족
  ② 기관 과열
  ③ 피스톤과 실린더 벽 간극 좁음

  오답피하기 압축압력 과다(×)

디젤기관 노킹

- **디젤기관의 노킹 발생 원인**
  ① 착화기간 중 분사량이 많음
  ② 노즐의 분무상태 불량
  ③ 기관의 온도나 회전속도 낮음
  ④ 연료의 세탄가가 낮아 착화지연시간이 길어짐
  ⑤ 연료 분사 불량

- 디젤기관 노킹 방지법
  ① 착화지연시간 단축
  ② 세탄가가 높은 연료 사용

  > 오답피하기 옥탄가가 높은 연료 사용(×)

  ③ 압축비, 압축압력을 높여 압력과 온도 상승
  ④ 착화성이 좋은 연료 사용
  ⑤ 실린더와 냉각수의 높은 온도 유지

디젤기관의 이상현상

- 엔진 부조 발생 원인
  ① 연료 분사량, 분사시기 조정 불량
  ② 연료 라인에 공기 혼입
  ③ 거버너 작용 불량
  ④ 연료 압송 불량

- 기관의 과열 원인
  ① 냉각수 양 부족
  ② 물펌프의 회전이 느리거나 고장
  ③ 물 재킷 내 물때가 많음
  ④ 운전 과부하
  ⑤ 팬벨트가 느슨함
  ⑥ 수온조절기(정온기)가 닫힌 채 고장남
  ⑦ 라디에이터 코어 막힘

- 디젤기관에서 시동이 되지 않는 원인
  ① 연료공급 불량
  ▶ 연료필터, 연료탱크, 연료파이프, 분사노즐 등의 고장
  ② 연료계통에 공기 유입
  ③ 크랭크축 회전 속도 느림
  ④ 배터리 방전
  ⑤ 겨울철 예열장치 고장

  > 오답피하기 압축압력이 높음(×)

- 주행 중 시동이 꺼지는 원인
  ① 연료공급 불량
  ② 자동변속기 고장

  > 오답피하기 프라이밍 펌프 불량(×)

- 디젤기관의 진동 원인
  ① 각 실린더의 분사압력, 분사량, 분사시기, 분사간격이 다름
  ② 각 피스톤의 중량차가 큼

- 디젤기관 출력저하 원인
  ① 노킹 발생
  ② 연료량 적음
  ③ 연료분사노즐 막힘
  ④ 연료 필터 불량
  ⑤ 실린더 내 압축압력 낮음

- 디젤연료 취급 시 주의사항
  ① 불순물이 혼합되지 않도록 함
  ② 작업 후 연료를 가득 채움
  ③ 정기적으로 드레인 콕을 열어 수분을 제거
  ④ 화기 주의

  > 오답피하기 운전 중 연료 주입(×)

윤활유의 역할

① 마찰, 마멸 감소
② 기관 냉각, 세척
③ 밀봉, 방청 작용
④ 충격, 소음 완화
⑤ 응력 분산

윤활 및 여과 방식

행정 기관의 윤활 방식

압송식	오일펌프로 오일을 압송시켜 공급, 가장 일반적으로 사용
비산식	오일디퍼(주걱)가 오일을 퍼올려 비산시킴
비산압송식	비산식과 압송식을 혼용

오일 여과 방식

전류식	오일펌프가 흡입한 오일 전부를 여과기에서 여과
분류식	오일펌프가 흡입한 오일 일부는 여과기에서 여과 후 오일팬으로 공급, 일부는 윤활부로 공급
샨트식	전류식과 분류식을 혼용

> 🔍 **더 알아보기**
> - 여과기가 막히면 유압 상승
> - 여과 능력이 불량하면 불순물로 인해 부품 마모 가속

엔진오일의 점도

구분	높을 때	낮을 때
점도	유동성 저하, 기관오일 압력 상승, 동력 소모, 온도 상승	유동성 향상
점도지수	점도 변화 적음	점도 변화 큼, 겨울철에 사용

엔진오일의 오염과 소모

엔진오일의 색과 오염 원인

검정색	불순물 오염
붉은색	가솔린 유입
우유색	냉각수 유입

엔진오일의 소모량이 커지는 원인
① 밸브가이드, 실린더, 피스톤링의 마모가 심할 때
② 개스킷 등에서 누설이 발생할 때

엔진오일의 유압이 낮은 원인과 높은 원인

유압이 낮은 원인	유압이 높은 원인
• 오일 점도 낮음 • 윤활유 양 부족 • 윤활유 펌프 성능 저하 • 기관 각부 마모	• 오일 점도 높음 • 릴리프 밸브 막힘

디젤기관의 연료장치

연료계통의 공기 배출 순서
공급펌프 → 연료여과기 → 분사펌프

분사펌프(인젝션 펌프)
① 디젤기관에만 사용
② 타이머 : 연료 분사 시기 조절
③ 조속기(거버너) : 연료 분사량 조절

커먼레일 연료분사장치(전자제어)
① 기관 상태에 따라 연료 분사 압력, 시간, 순서를 제어
② 출력 향상, 연료소비율 감소, 소음 진동 감소

저압부	연료탱크, 저압펌프, 연료필터로 구성
고압부	고압펌프, 커먼레일, 인젝터로 구성
전자제어시스템	전자제어유닛, 각종 센서로 구성

디젤기관의 흡·배기장치

- 공기청정기(에어클리너)

건식	• 여과지와 여과포 사용 • 압축공기로 여과기 세척 • 구조가 간단하여 설치·분해·조립 간단 • 엔진 회전수 변동에도 안정된 공기청정효율
습식	• 오일팬의 오일로 여과(엔진오일 사용) • 여과망 세척 사용 • 먼지가 많은 곳에서 쓰는 장비에서 사용

- 배기가스의 색과 점검항목

무색, 담청색	정상 연소
회백색	윤활유 연소(피스톤링, 실린더벽 마모)
검은색	연료혼합비 높음(분사시기, 분사펌프 점검), 공기청정기 막힘
볏짚색	연료혼합비 낮음

> **더 알아보기**
> 연소 온도가 높은 경우 질소산화물(NO_X) 발생

- 과급기(터보차저)
  ① 실린더 내 흡입 공기량을 높여 기관 효율 향상
  ② 엔진 배기가스 압력으로 구동
  ③ 기관이 고출력일 때 배기가스 온도를 낮춤
  ④ 고지대 작업 시 엔진 출력 저하 방지

- 소음기(머플러)
  ① 배기가스의 온도와 압력을 낮추고 소음을 줄임
  ② 피스톤의 운동을 방해하여 기관이 과열되고 출력이 감소함
  ③ 카본이 많이 끼면 엔진 과열, 출력 저하
  ④ 손상되고 구멍이 나면 배기음이 커짐

디젤기관의 시동보조장치

- 감압장치(de-comp)
  ① 디젤엔진을 시동할 때 실린더 상단에 있는 흡기, 배기밸브 중에서 한 곳의 밸브를 강제로 열어서 실린더 내부의 압축압력을 낮추어 엔진의 시동을 돕고 회전이 원활하게 이루어지도록 함
  ② 한랭 시 시동할 때 원활한 회전으로 시동이 잘 될 수 있도록 함
  ③ 기동전동기에 무리가 가는 것을 예방
  ④ 기관의 시동을 정지할 때 사용될 수 있음
  ⑤ 시동 시 밸브를 열어주므로 압축압력을 없애 크랭크축을 가볍게 회전시킴

- 예열플러그
  ① 예열방식 중 실린더 헤드의 예연소실에 부착된 예열플러그가 공기를 직접 예열하여 겨울철 시동을 쉽게 해 주는 방식
  ② 불완전 연소 또는 노킹으로 오염됨

실드형 예열플러그	금속튜브 속에 열선이 병렬로 연결됨
코일형 예열플러그	열선이 노출되어 있고 직렬로 연결됨

냉각장치의 종류

- 라디에이터(방열기)
  ① 압력식(가압식) 라디에이터 캡
  ▶ 냉각수의 비등점을 높여 냉각효율을 높이고 방열기 크기를 줄일 수 있음
  ▶ 냉각수 순환속도가 빠름
  ▶ 캡 : 냉각장치 내부압력이 부(-)압이 되면 진공밸브가 열림
  ② 팬이 고장날 경우 방열기에 물이 가득 차 있어도 기관이 과열됨
  ③ 오일 쿨러가 파손될 경우 냉각수에 오일이 섞임
  ④ 실린더헤드가 균열되면 라디에이터 캡쪽으로 물이 상승하며 연소가스 누출

- 수온조절기

열린 채 고장	과냉의 원인
닫힌 채 고장	과열의 원인

- 냉각수와 부동액
  ① 냉각수는 영하에 얼 수 있으므로 부동액을 첨가
  ② 부동액의 주 성분 : 에틸렌글리콜

납산 축전지(배터리)

직렬연결	용량과 전류 일정, 전압 증가
병렬연결	용량과 전류 증가, 전압 일정

① 12V의 축전지는 6개의 셀이 직렬로 연결됨
② 12V 납산축전지의 방전종지전압 : 10.5V
③ 15일마다 정기적으로 충전(증류수)
④ 극판의 크기, 극판의 수, 황산의 양에 의해 용량이 결정됨
⑤ 증류수를 자주 보충시켜야 하는 경우 과충전되고 있음

축전지의 충전·방전

- 충전·방전 시의 화학작용
  ① 완전 방전 시
  ▶ 양극판 : 황산납 / 전해액 : 물 / 음극판 : 황산납
  ② 완전 충전 시
  ▶ 양극판 : 과산화납 / 전해액 : 황산 / 음극판 : 납
  ③ 오랫동안 방치하면 음극판과 황산이 반응하여 영구 황산납이 되어 자연방전됨
  ④ 충전과 방전이 반복되면 전압과 전해액의 비중이 낮아짐
  ⑤ 레귤레이터 고장 시 발전기의 전류가 축전지에 충전되지 않음

- 급속충전 시 주의사항
  ① 충전 중 충격을 가하지 않음
  ② 전해액 온도는 45°C 이하로 유지
  ③ 충전시간은 가능한 한 짧게 유지
  ④ 충전전류는 축전지용량의 절반 정도

기동전동기

- 기동전동기
  ① 전기자, 계자코일, 브러시, 솔레노이드로 구성됨
  ② 정류자 : 전기자 코일에 전류를 일정하게 보냄
  ③ 기동전동기 시험항목 : 무부하 시험, 회전력(부하) 시험, 저항 시험, 솔레노이드 시험

- 기동전동기의 종류

직권식 전동기	• 계자 코일과 전기자 코일이 직렬로 접속된 형식 • 기동력이 크지만 회전속도의 변화가 심함
분권식 전동기	• 계자 코일과 전기자 코일이 병렬로 접속된 형식 • 회전속도는 일정하지만 회전력이 약함
복권식 전동기	• 계자 코일과 전기자 코일이 직렬과 병렬의 혼합으로 접속된 형식 • 회전속도가 일정하고 회전력이 크지만 구조가 복잡함

- 기동전동기 고장 원인
  ① 배터리 전압 부족
  ② 배터리 단자 접촉 불량
  ③ 배선과 스위치의 단선 또는 접촉 불량
  ④ 엔진 내부 피스톤 고착
  ⑤ 플라이휠 링기어 손상 시 기동전동기는 회전되나 엔진은 크랭킹되지 않음
  ⑥ 시동이 걸린 후 시동 스위치를 계속 누르면 피니언 기어가 소손됨

교류발전기

① 브러시 수명이 긺
② 저속회전 시 충전이 양호함
③ 소형, 경량이고 출력이 큼
④ 점검, 정비가 쉬움
⑤ 스테이터, 로터, 브러시, 다이오드로 구성
⑥ 스테이터 : 전류 발생
⑦ 로터 : 전류에 의해 전자석이 됨
⑧ 다이오드(정류기) : 교류를 직류로 정류, 역류방지

> **더 알아보기**
> 직류발전기 : 전기자, 계자철심과 계자코일, 정류자와 브러시로 구성됨

발전기 고장 증상

① 충전 경고등 점등
② 헤드램프 불빛이 어두워짐
③ 전류계의 지침이 (-)를 가리킴

오답피하기 배터리 방전(x)

전조등

- **전조등(헤드라이트)의 종류**

세미실드빔형	•일반적으로 사용되는 할로겐램프 •고장 시 전구만 교환 가능
실드빔형	•반사경과 필라멘트가 일체형 •고장 시 전조등 전체 교환

> **더 알아보기**
> 한쪽만 점등될 경우 : 전구 접지 불량, 전구 불량, 퓨즈 단선 등이 원인

- **퓨즈**
① 교체 시에도 정격용량 사용
② 용량은 A로 표시
③ 회로에서 직렬로 설치
④ 자주 끊어진다면 고장부분 수리

오답피하기 철사, 구리선으로 대용(x)

계기판 점등 시 원인

충전경고등	•충전이 되고 있지 않음
엔진오일 압력경고등	•오일 부족 •오일 필터나 회로 막힘 •오일 드레인 플러그 열림 •즉시 시동을 끄고 점검
냉각수 경고등	•냉각수 온도 상승 •냉각수 부족 •즉시 시동을 끄고 점검
전류계	•(+)방향일 경우 발전기에서 축전지로 충전 중 •(-)방향일 경우 전조등 스위치, 예열장치 등에서 전류 소모 중, 또는 누전

조향장치

① 지게차의 일반적 조향방식 : 뒷바퀴 조향방식
② 타이로드, 피트먼 암, 조향기어박스 등으로 구성
③ 타이로드 : 조향 바퀴의 토인을 조정

조향장치의 이상현상

- **유압식 조향장치의 핸들 조작이 무거운 원인**
① 유압 낮음
② 오일 부족
③ 유압계통 내 공기 혼입

- 조향 핸들의 유격이 커지는 원인
  ① 티트먼 암이 헐거움
  ② 조향기어, 링키지 조정 불량
  ③ 앞바퀴 베어링 마모

  > 오답피하기 타이어 공기압 과대(×)

동력조향장치의 장점

① 작은 조작력으로 조향조작 가능
② 시미 현상 감소
③ 조작력에 관계 없이 조향 기어비 선정

> 오답피하기 자동으로 조향핸들의 유격 조정(×)

바퀴 정렬방식

① 직진성 향상, 편마모 방지
② 조작력 감소

캠버	바퀴를 앞에서 볼 때 바퀴 중심선이 바깥(+) 또는 안(-)으로 기울어진 것
토	바퀴를 위에서 볼 때 앞(토인) 또는 뒤(토아웃)로 모인 것
캐스터	바퀴를 옆에서 볼 때 조향축이 앞(-) 또는 뒤(+)로 기울어진 것

타이어

① 접지압 = 공차상태의 무게(kgf) ÷ 접지면적(cm^2)
② 카커스 : 고무 피복을 여러 겹으로 겹쳐 타이어 골격을 이룸
③ 트레드 : 노면 접촉부로 구동력, 제동력, 배수력, 조향성, 열 발산 등에 영향

클러치

- 클러치
  ① 기관과 변속기 사이에서 기관의 동력을 연결 및 차단
  ② 클러치판, 릴리스 레버, 릴리스 베어링, 부스터 등으로 구성
  ③ 클러치 용량은 기관 회전력의 1.5~2.5배
  ④ 운전 중 클러치가 미끄러질 때의 영향
    ▶ 속도, 견인력 감소
    ▶ 연료소비량 증가
  ⑤ 비틀림 코일스프링 : 클러치 작동 시 충격 흡수

- 클러치 조작 시 주의사항
  ① 자유간극 조정방법 : 클러치 링키지 로드 조정
  ② 주행 중 기어가 빠지는 원인 : 클러치 마모가 심할 때
  ③ 클러치 연결된 상태에서 기어변속 : 기어에서 소리가 나고 손상될 수 있음

자동변속기

- 토크 컨버터
  ① 펌프, 터빈, 스테이터로 구성

  > 오답피하기 플라이휠(×), 가이드링(×)

  ② 스테이터 : 펌프와 터빈 사이에서 오일 흐름의 방향을 바꾸어 토크를 증가시킴
  ③ 토크 컨버터가 유체클러치와 다른 점 : 스테이터

- 자동변속기 과열 원인
  ① 메인 압력 높음
  ② 과부하 운전
  ③ 변속기 오일쿨러 막힘

  > 오답피하기 오일 과다(×)

브레이크

유압식	마스터 실린더의 리턴구멍이 막히면 오일이 돌아오지 못해서 브레이크가 잘 풀리지 않음
배력식	대형 차량에서 제동력을 높이기 위해 사용 진공에 의한 브레이크(릴레이 밸브 피스톤컵)가 파손되어도 유압식 브레이크는 작동함
공기식	캠과 리턴 스프링에 의해 브레이크슈가 확장·수축함

※ 지게차 제동장치의 마스터 실린더 조립 시 브레이크액으로 세척

오답피하기 솔벤트(×), 석유(×), 경유(×)

베이퍼 록 발생 원인

① 긴 내리막길에서 과도한 브레이크 사용
② 드럼과 라이닝의 간극이 작아 마찰하여 가열됨
③ 오일 변질에 의한 비등점 저하

> **더 알아보기**
> 베이퍼 록 방지법 : 엔진브레이크 사용

지게차의 구성

① 작업장치의 구성 : 마스트, 리프트 실린더, 틸트 실린더, 포크, 리프트 체인, 카운터 웨이트, 백레스트, 핑거보드
② 동력전달 기구 : 리프트 체인, 틸트 실린더, 리프트 실린더

오답피하기 트랜치호(×) → 기중기의 작업장치

지게차의 구조

- **마스트**
  ① 하이 마스트 : 마스트가 2단으로 확장되어 높은 곳에 물건을 옮길 수 있는 것
  ② 3단 마스트 : 마스트가 3단으로 확장되어 천장이 낮은 곳과 천장이 높은 장소에서 작업이 가능한 것

  오답피하기 3단 시프트(×)

- **리프트 실린더(Lift cylinder)**
  ① 단동식 실린더를 사용
  ② 포크를 상승 또는 하강시키는 역할
  ③ 포크 상승 시 실린더에 유압유가 공급됨

  > **더 알아보기**
  > 리프트 실린더 작동회로에 사용되는 플로우 레귤레이터(슬로우 리턴) 밸브는 포크가 천천히 하강하도록 도움

- **틸트 실린더(Tilt cylinder)**
  ① 마스트와 프레임 사이에 설치된 2개의 복동식 유압 실린더
  ② 마스트를 앞, 뒤로 경사시킴

  > **더 알아보기**
  > 틸트록 밸브 : 지게차의 마스트를 기울일 때 갑자기 시동이 정지되면 작업하던 상태를 유지시켜 주는 밸브

- **포크(Fork)**
  ① L자형으로 2개
  ② 화물의 크기에 따라 간격조정이 가능
  ③ 핑거 보드에 체결되어 화물을 떠받쳐 운반

- **포크 포지셔너**
  ① 포크 간격 조정장치로 포크 사이의 간격을 조정할 수 있음
  ② 양개식은 레버 1개로 포크를 동시에 움직임
  ③ 편개식은 레버 2개로 포크를 각각 움직임

- **리프트 체인(Lift chain)**
  ① 한쪽 체인이 늘어지면 좌우 포크의 높이가 달라짐
  ② 포크 한쪽이 기울어지면 체인을 조정함
  ③ 리프트 체인에는 엔진오일을 주유함

- **카운터 웨이트**
  지게차 장비 뒤쪽에 설치되어 작업할 때 안정성 및 균형을 잡아주는 것

- **백레스트**
  마스트 후방으로 화물이 낙하하는 것을 방지하는 짐받이 틀

지게차의 마스트

- **지게차의 마스트 경사각**

전경각	마스트를 포크 쪽으로 최대로 기울였을 때의 경사각(5~6°의 범위)
후경각	마스트를 조종실 쪽으로 최대로 기울였을 때의 경사각(10~12°의 범위)

- **지게차 마스트 작업 시 조종레버가 3개 이상일 경우 설치 순서**
  (좌) 리프트 레버 - 틸트 레버 - 부수장치 레버 (우)

지게차 작업장치의 조종레버 동작

① 리프트 레버를 뒤로 당기면 포크가 상승하고, 앞으로 밀면 포크가 하강
② 틸트 레버를 뒤로 당기면 마스트는 뒤로 기울고, 앞으로 밀면 마스트는 앞으로 기욺

> **더 알아보기**
> 포크 상승 시와 마스트 틸팅 시에는 가속페달을 살짝 밟아주고, 하강 시에는 가속페달을 밟지 않음

지게차의 하중중심과 축간거리

- **지게차의 하중중심**
  지게차 포크의 수직면으로부터 포크 위에 놓인 화물의 무게중심까지의 거리

- **지게차의 축간거리**
  ① 앞축의 중심부로부터 뒤축의 중심부까지의 수평거리
  ② 일반적으로 mm로 표기
  ③ 축간거리가 커질수록 지게차의 안정도 향상

  > **오답피하기** 축간거리가 커질수록 지게차의 회전반경은 작아진다(×).

지게차의 장비 중량에 포함되는 것

연료, 냉각수, 그리스 등

> **오답피하기** 운전자의 무게(×)

기준 부하 상태와 무부하 상태

- **기준 부하 상태에서 포크를 들어 올린 경우 하강작업 또는 유압 계통의 고장에 의한 포크의 하강속도**
  초당 0.6미터 이하

- **기준 무부하 상태**
  지면으로부터 높이가 300mm인 수평상태의 지게차 포크의 윗면에 하중이 가해지지 않은 상태

최소 회전 반지름과 최소 선회 반지름

- **최소 회전 반지름**
  지게차가 무부하 상태에서 최대 조향각으로 운행했을 때 가장 바깥쪽 바퀴의 접지자국 중심점이 그리는 원의 반지름

  > **오답피하기** 최대 회전 반지름(×), 최소 선회 반지름(×)

- **최소 선회 반지름**
  지게차가 무부하 상태에서 최대 조향각으로 운행했을 때 차체의 가장 바깥부분이 그리는 원의 반지름

  > **오답피하기** 최대 선회 반지름(×), 최소 회전 반지름(×)

지게차의 구동방식

① 지게차는 앞바퀴 구동방식 사용

> **오답피하기** 뒷바퀴 구동(×), 6륜 구동(×), 4륜 구동(×)

② 지게차의 앞바퀴는 직접 프레임에 설치되어 있음

지게차 동력전달순서

클러치식 지게차 동력전달순서	엔진 → 클러치 → 변속기 → 종감속 기어 및 차동장치 → 앞구동축 → 차륜
토크 컨버터형 지게차 동력전달순서	엔진 → 토크 컨버터 → 파워 시프트 → 변속기 → 차동장치 → 앞구동축 → 차륜
전동식 지게차 동력전달순서	축전지 → 컨트롤러 → 구동모터 → 변속기 → 종감속 기어 및 차동장치 → 앞구동축 → 차륜

> **더 알아보기**
> 지게차의 차동장치 : 지게차가 커브를 돌 때 장비의 회전을 원활히 하기 위한 장치

지게차 조향핸들에서 바퀴까지의 조작력 전달 순서

핸들 → 조향기어 → 피트먼 암 → 드래그링크 → 타이로드 → 조향암 → 바퀴

> **더 알아보기**
> 드래그링크 : 유압 조향 실린더 작동기와 벨크랭크 사이에 설치되는 것

지게차 조향장치

① 조향장치 원리는 애커먼 장토식
② 동력조향장치에 사용하는 유압실린더는 복동실린더 더블로드형
③ 일반적으로 뒷바퀴 조향방식 사용

> **오답피하기** 앞바퀴 조향(×), 전자 조향(×), 배력식 조향(×)

④ 벨크랭크 : 조향실린더의 직선운동을 축의 중심으로 한 회전운동으로 바꾸어줌과 동시에 타이로드에 직선운동을 시켜주는 지게차 유압식 조향장치의 구성 장치

작업용도에 따른 지게차의 분류

힌지드 버킷	석탄, 소금, 비료, 모래 등 흘러내리기 쉬운 화물을 운반하는 데 적합한 것
로드 스태빌라이저	깨지기 쉬운 화물이나 불안전한 화물의 낙하를 방지하기 위하여 포크 상단에 상하 작동할 수 있는 압력판을 부착한 것
로테이팅 클램프	원추형 화물을 조이거나 회전시켜 운반 또는 적재하는 데 적합한 것
힌지드 포크	포크를 상하 각도로 이동시켜 둥근 목재나 파이프 등 원통형 화물을 운반하는 데 적합한 것

> **더 알아보기**
> 지게차에 스프링 장치가 없는 이유 : 롤링 시 화물이 떨어질 위험이 있기 때문

지게차의 과학적 원리

지렛대의 원리	브레이크 페달에 사용
파스칼의 원리	유압식 브레이크에 사용

▶ 밀폐된 용기 내의 액체 일부에 가해진 압력은 유체 각 부분에 동시에 같은 크기로 전달된다는 원리로 유압장치의 기초가 되는 원리

> **오답피하기**
> 베르누이의 정리(×), 지렛대의 원리(×), 후크의 법칙(×)

전동 지게차

축전지와 전동기를 동력원으로 하여 매연과 소음이 없는 지게차

> **오답피하기** 수동 지게차(×), 유압 지게차(×), 엔진 지게차(×)

유압장치

- **유압의 기초**
  ① 유압장치 : 유체의 압력에너지를 이용하여 기계적인 일을 하도록 하는 것
  ② 압력 = 가해진 힘 ÷ 단면적
  ③ 작동유 압력의 단위 : kgf/cm^2
  ④ 유량 : 단위 시간에 이동하는 유체의 체적

- **유압장치의 기본적인 구성요소**
  유압 발생장치, 유압 제어장치, 유압 구동장치
  (오일탱크, 유압모터, 유압펌프, 제어밸브 등)

> **오답피하기** 유압 재순환장치(×), 유니버셜 조인트(×)

- **유압장치의 장점 및 단점**

장점	단점
• 속도 제어가 용이 • 에너지 축적이 가능 • 힘의 전달 및 증폭이 용이 • 조작이 간단 • 무단변속과 자동제어가 가능	• 관로를 연결하는 곳에서 유체가 누출될 수 있음 • 고압 사용으로 위험성 및 이물질에 민감함 • 작동유에 대한 화재의 위험이 있음 • 회로 구성이 어려움 • 오일의 온도에 따라 점도가 변하므로 기계의 속도가 변함

> **오답피하기**
> • 유압장치는 점검이 간단하다(×).
> • 전기, 전자의 조합으로 자동제어가 곤란하다(×).

- **유압펌프**
  ① 유압펌프의 특징 : 원동기의 기계적 에너지를 유압에너지로 변환, 유압펌프의 용량은 주어진 압력과 그때의 토출량으로 표시

> **더 알아보기**
> GPM, LPM : 계통 내에서 이동되는 오일의 양(토출량)

  ② 유압펌프의 종류 : 기어펌프, 베인펌프, 플런저 펌프(피스톤 펌프), 나사펌프

> **오답피하기** 분사 펌프(×)

기어펌프

- **기어펌프의 특징**
  ① 다른 펌프에 비해 구조가 간단함
  ② 유압 작동유의 오염에 비교적 강한 편
  ③ 피스톤 펌프에 비해 효율이 떨어짐

④ 외접식과 내접식이 있음
⑤ 베인펌프에 비해 소음이 비교적 큼
⑥ 흡입성이 우수함

오답피하기
- 가변 용량형 펌프로 적당하다(×).
- 펌프의 발생압력이 가장 높다(×).

더 알아보기
트로코이드 펌프 : 특수 치형 기어펌프로 안쪽은 내·외측 로터, 바깥쪽은 하우징으로 구성되어 있는 오일펌프이다.

⑦ 구동되는 기어펌프의 회전수가 변하면 오일의 유량이 변함

오답피하기
- 오일의 압력이 변한다(×).
- 오일의 흐름 방향이 변한다(×).
- 회전 경사판의 각도가 변한다(×).

■ 기어식 유압펌프에서 소음이 나는 원인
① 오일양의 과다
② 펌프의 베어링 마모
③ 오일의 과부족

오답피하기 흡입라인의 막힘(×)

베인펌프와 플런저 펌프

■ 베인펌프의 특징
① 맥동과 소음이 적음
② 소형·경량
③ 간단하고 성능이 좋음
④ 수명이 긺

■ 플런저 펌프(피스톤 펌프)의 특징
① 기어펌프에 비해 최고압력이 높음
② 축은 회전 또는 왕복운동을 함
③ 가변용량이 가능
④ 효율이 양호

⑤ 높은 압력에 잘 견딤
⑥ 토출량의 변화 범위가 큼
⑦ 유압펌프 중 가장 고압, 고효율

오답피하기
- 피스톤이 회전운동을 한다(×).
- 구조가 간단하다(×).

유압펌프의 이상현상

■ 유압펌프에서 펌프량이 적거나 유압이 낮은 원인
① 펌프 흡입라인 막힘이 있을 때(여과망)
② 기어와 펌프 내벽 사이 간격이 클 때
③ 기어 옆 부분과 펌프 내벽 사이 간격이 클 때

오답피하기 오일탱크에 오일이 너무 많을 때(×)

■ 유압펌프에서 소음이 발생하는 원인
① 오일의 양이 적을 때
② 오일 속에 공기가 들어있을 때
③ 오일의 점도가 너무 높을 때

오답피하기 펌프의 속도가 느릴 때(×)

■ 유압펌프가 오일을 토출하지 않는 경우
① 원인
▶ 펌프의 회전이 너무 빠를 때
▶ 유압유의 점도가 낮을 때
▶ 릴리프 밸브의 설정압이 낮을 때

오답피하기 흡입관으로부터 공기가 흡입되고 있을 때(×)

② 점검 항목
▶ 오일 탱크에 오일이 규정량으로 들어 있는지 점검
▶ 흡입 스트레이너가 막혀있지 않은지 점검
▶ 흡입 관로에서 공기가 혼입되는지 점검

오답피하기 토출 측 회로에 압력이 너무 낮은지 점검한다(×).

유압제어 밸브

■ 압력제어 밸브

① 유압장치의 과부하 방지와 유압기기의 보호를 위하여 최고 압력을 규제하고 유압 회로 내의 필요한 압력을 유지하는 밸브
② 펌프와 방향전환 밸브 사이에서 작동
③ 압력조절 밸브의 스프링 장력이 강하게 조절되면 유압은 높아짐
④ 종류 : 릴리프 밸브, 시퀀스 밸브, 카운터 밸런스 밸브, 리듀싱 밸브, 무부하 밸브

> **더 알아보기**
> - 릴리프 밸브 : 유압회로의 최고압력을 제한하는 밸브로 회로의 압력을 일정하게 유지시킴
> - 시퀀스 밸브 : 2개 이상의 분기회로를 갖는 회로 내에서 작동 순서를 회로의 압력 등에 의하여 제어하는 밸브
> - 카운터 밸런스 밸브 : 크롤러 굴착기가 경사면에서 주행 시 모터에 공급되는 유량과 관계없이 자중에 의해 빠르게 내려가는 것을 방지해 주는 밸브
> - 리듀싱 밸브 : 유압회로에서 입구 압력을 감압하여 유압 실린더 출구 설정 압력 유압으로 유지하는 밸브
> - 무부하 밸브 : 유압장치에서 고압 소용량, 저압 대용량 펌프를 조합 운전할 때, 작동 압력이 규정 압력 이상으로 상승할 때 동력을 절감하기 위해 사용하는 밸브

■ 방향제어 밸브

① 회로 내 유체의 흐름 방향을 변환함
② 유체의 흐름 방향을 한쪽으로만 허용
③ 유압실린더나 유압모터의 작동 방향을 바꾸는 데 사용
④ 종류 : 체크 밸브, 셔틀 밸브, 감속 밸브, 스풀 밸브

> **오답피하기** 액추에이터의 속도를 제어한다(×).

> **더 알아보기**
> - 체크 밸브 : 유압회로에서 역류를 방지하고 회로 내의 잔류압력을 유지
> - 셔틀 밸브 : 회로 내 유체의 흐름 방향을 변환하는 데 사용

⑤ 방향제어 밸브를 동작시키는 방식 : 수동식, 유압 파일럿식, 전자식

> **오답피하기** 스프링식(×)

■ 유량제어 밸브

① 유압장치에서 작동체의 속도를 바꿔줌

> **더 알아보기**
> 액추에이터 : 유압유의 압력에너지(힘)를 기계적 에너지(일)로 변환, 액추에이터의 작동속도는 유량과 관계가 깊음

② 종류 : 속도제어 밸브, 스로틀 밸브(교축 밸브), 급속배기 밸브, 압력보상 밸브, 온도압력보상 밸브, 분류 밸브

> **더 알아보기**
> - 스로틀 밸브(교축 밸브) : 오일통과 관로를 줄여 오일양을 조절
> - 니들 밸브 : 내경이 작은 파이프에서 미세한 유량을 조정

유압모터의 장점 및 단점

■ 유압모터의 장점 및 단점

장점	단점
• 소형이고 경량으로서 큰 출력을 낼 수 있음 • 변속, 역전의 제어가 용이 • 속도나 방향의 제어가 용이	• 작동유에 먼지나 공기가 침입하지 않도록 특히 보수에 주의해야 함 • 작동유가 누출되면 작업 성능에 지장이 있음 • 작동유의 점도변화에 의하여 유압모터의 사용에 제약이 있음

> **오답피하기**
> - 공기와 먼지 등이 침투하여도 성능에는 영향이 없다(×).
> - 릴리프 밸브를 부착하여 속도나 방향제어 하기가 곤란하다(×).

📄 유압모터의 이상현상

- **유압모터의 회전 속도가 규정 속도보다 느릴 경우의 원인**
  ① 유압유의 유입량 부족
  ② 각 작동부의 마모 또는 파손
  ③ 오일의 내부 누설

  > **오답피하기** 유압펌프의 오일 토출량 과다(×)

- **유압모터에서 소음과 진동의 발생 원인**
  ① 내부 부품의 파손
  ② 작동유 속에 공기의 혼입
  ③ 체결 볼트의 이완

  > **오답피하기** 펌프의 최고 회전속도 저하(×)

📄 유압실린더의 이상현상

- **유압실린더의 숨돌리기 현상이 생겼을 때 일어나는 현상**
  ① 작동지연 현상
  ② 서지압 발생
  ③ 피스톤 작동이 불안정해짐

  > **오답피하기** 오일의 공급이 과대해진다(×).

- **유압실린더의 움직임이 느리거나 불규칙할 때의 원인**
  ① 피스톤 링이 마모되었을 때
  ② 유압유의 점도가 너무 높을 때

  > 🔍 **더 알아보기**
  > 유압유의 점도가 높으면 동력 손실이 증가하고, 유압유의 점도가 낮으면 오일이 누출되기 쉽다.

  ③ 회로 내에 공기가 혼입되고 있을 때

  > **오답피하기** 체크 밸브의 방향이 반대로 설치되어 있을 때(×)

- **유압 오일탱크의 기능**
  ① 계통 내의 필요한 유량 확보
  ② 격판에 의한 기포 분리 및 제거
  ③ 스트레이너 설치로 회로 내 불순물 혼입 방지

  > **오답피하기** 계통 내의 필요한 압력 설정(×)

  > 🔍 **더 알아보기**
  > 유압유 작동부에서 오일이 누출되고 있을 때 가장 먼저 점검해야 할 곳 : 오일 실(seal), 오일 실은 유압계통을 수리할 때마다 항상 교환해야 함

📄 유압유의 이상현상

- **유압 오일 내에 기포가 형성되는 이유**
  오일 속의 공기 혼입

  > **오답피하기** 오일 속의 수분 혼입(×), 오일의 열화(×), 오일의 누설(×)

  > 🔍 **더 알아보기**
  > 캐비테이션 현상(공동 현상) : 유압유 속에 용해 공기가 기포로 발생하여 소음과 진동이 발생되는 현상

- **유압유의 온도 상승이 유압계통에 미치는 영향**
  ① 열화를 촉진함
  ② 점도저하에 의해 누유되기 쉬움
  ③ 온도변화에 의해 유압기기가 열 변형되기 쉬움

  > **오답피하기** 유압펌프의 효율이 좋아진다(×).

  > 🔍 **더 알아보기**
  > • 유압유의 정상 작동 온도 범위는 40~60°C
  > • 지게차 유압유의 온도가 50°C일 때 지게차가 최대하중을 싣고 엔진을 정지한 경우 포크가 차중 및 하중에 의하여 내려가는 거리 : 10분당 100mm 이하

- **유압유의 과열 원인**
  ① 릴리프 밸브가 닫힌 상태로 고장일 때
  ② 오일냉각기의 냉각핀이 오손되었을 때

③ 유압유가 부족할 때

> 오답피하기 유압유량이 규정보다 많을 때(×)

- **유압장치의 오일 문제**
  ① 유압장치에서 오일에 거품이 생기는 원인
  ▶ 오일탱크와 펌프 사이에서 공기가 유입될 때
  ▶ 오일이 부족하여 공기가 일부 흡입되었을 때
  ▶ 펌프 축 주위의 토출측 실(seal)이 손상되었을 때

  > 오답피하기 유압유의 점도지수가 클 때(×)

  ② 유압장치 오일의 압력이 낮아지는 원인
  ▶ 오일펌프의 마모
  ▶ 오일의 점도가 낮아졌을 때
  ▶ 계통 내에서 누설이 있을 때

  > 오답피하기 오일의 점도가 높아졌을 때(×)

유압장치의 일상점검 항목

① 오일의 양 점검
② 변질상태 점검
③ 오일의 누유 여부 점검

> 오답피하기 탱크 내부 점검(×)

> **더 알아보기**
> 일일 정비·점검 사항 : 유량 점검, 이음 부분의 누유 점검, 호스의 손상과 접촉면의 점검

유압회로에서 유량제어를 통해 작업속도를 조절하는 방식

① 미터 인 방식
② 미터 아웃 방식
③ 블리드 오프 방식

> 오답피하기 블리드 온 방식(×)

유압기호

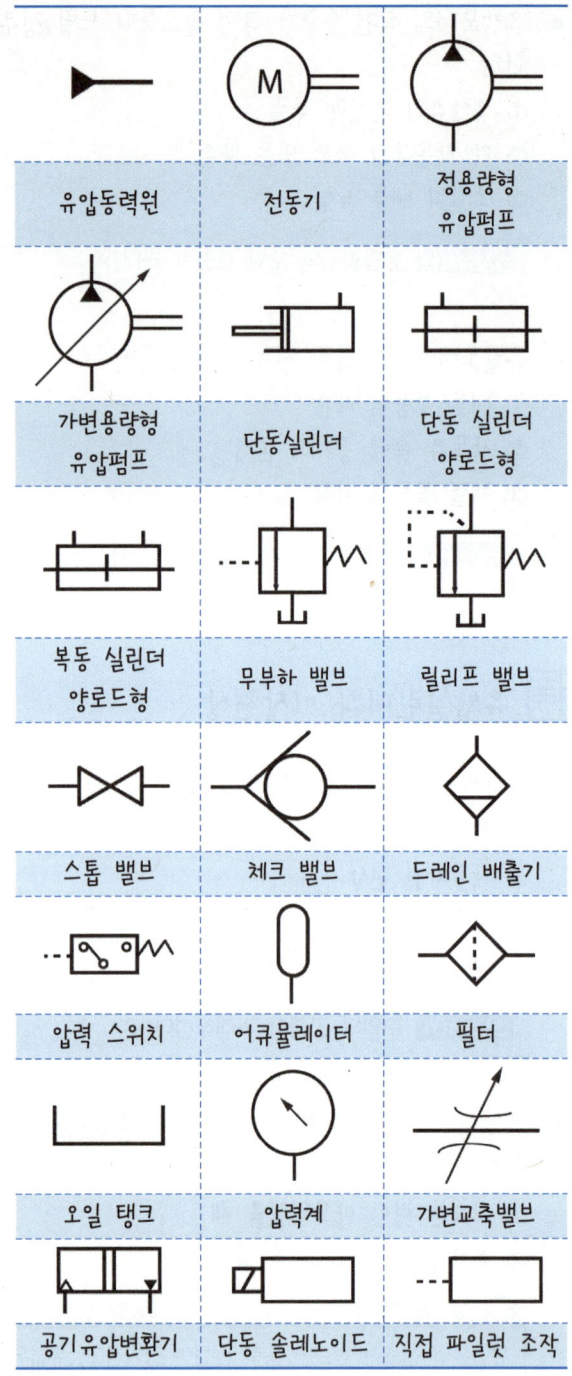

PART 02

8개년 CBT 기출복원문제
(2018년~2025년)

제1회 CBT 기출복원문제

01
작업현장에서 사용되는 안전표지의 색으로 잘못 짝지어진 것은?

① 빨간색 - 소화설비표시
② 노란색 - 충돌, 추락 주의 표시
③ 녹색 - 비상구 표시
④ **보라색 - 안전지도 표시**

> 출제영역 안전관리
> 보라색은 방사능 등의 표시에 사용하며, 안전지도 및 지시 표시로는 파란색을 사용한다.

02
산업안전보건표지의 종류가 아닌 것은?

① 경고표지 ② **위험표지**
③ 지시표지 ④ 안내표지

> 출제영역 안전관리
> 산업안전표지에는 금지표지, 경고표지, 지시표지, 안내표지가 있다.

03
안전한 작업을 위한 작업 복장으로 적절하지 않은 것은?

① **상의의 옷자락은 밖으로 꺼내 입는다.**
② 수건을 목에 걸고 작업하지 않는다.
③ 옷소매 끝은 조일 수 있도록 한다.
④ 단추가 달리지 않은 옷을 입는다.

> 출제영역 안전관리
> 상의의 옷자락은 밖으로 나오지 않도록 집어넣는다.

04
그림과 같은 산업안전 표지판이 나타내는 것은?

① 비상구 ② **몸균형상실경고**
③ 위험장소경고 ④ 보행금지

> 출제영역 안전관리
> 그림은 몸균형상실경고를 나타내는 경고표지이다.

05
유류화재 시 소화방법으로 부적절한 것은?

① 다량의 모래를 뿌린다.
② 이산화탄소 소화기를 사용한다.
③ **호스로 다량의 물을 뿌린다.**
④ ABC 소화기를 사용한다.

> 출제영역 안전관리
> 유류화재에 물을 사용하면 물을 따라 불붙은 기름이 흘러 화재가 확산되므로, 전용 소화기를 사용하거나 모래를 덮어 산소를 차단하여 소화한다.

06

벨트를 풀리에 걸 때 가장 올바른 방법은?

① 회전을 정지시킨 때 ② 저속으로 회전할 때
③ 고속으로 회전할 때 ④ 거꾸로 회전할 때

> **출제영역** 안전관리
>
> 벨트를 풀리에 걸 때는 반드시 회전을 완전히 정지시킨 후 걸어야 한다.

07

수공구 사용 시 유의사항으로 옳은 것은?

① 렌치는 몸쪽으로 당길 때 힘이 걸리도록 한다.
② 드라이버 사용 시 나사를 손으로 잡고 돌린다.
③ 해머는 손에 맞는 장갑을 끼고 사용한다.
④ 스패너가 헐거울 경우 쐐기를 넣어 보정한다.

> **출제영역** 안전관리
>
> ② 드라이버 사용 시 물체를 바이스로 잡고 돌린다.
> ③ 해머 사용 시 장갑을 끼지 않는다.
> ④ 스패너 및 렌치는 볼트와 너트의 치수와 맞는 것을 사용해야 하며, 맞지 않을 경우 쐐기를 넣어서는 안 된다.

08

무거운 물체를 인양하기 위하여 체인블록을 사용할 때 안전상 가장 적절한 것은?

① 체인이 느슨한 상태에서 급격히 잡아당기지 않는다.
② 작업의 효율을 위해 가는 체인을 사용한다.
③ 내릴 때는 하중 부담을 줄이기 위해 최대한 빠른 속도로 내린다.
④ 이동 시에는 무조건 최단거리 코스로 빠른 시간 내에 이동시켜야 한다.

> **출제영역** 안전관리
>
> 체인이 느슨한 상태에서 급격히 잡아당기면 재해가 발생할 수 있으므로 안전을 확인할 수 있는 시간적 여유를 가지고 작업한다.

09

지게차 이용 중 재해가 발생하였을 때 조치 순서로 알맞은 것은?

```
㉠ 피해자 구조
㉡ 운전 정지
㉢ 응급 처치
㉣ 2차 재해 방지
```

① ㉠ → ㉡ → ㉢ → ㉣
② ㉢ → ㉠ → ㉣ → ㉡
③ ㉣ → ㉢ → ㉡ → ㉠
④ ㉡ → ㉠ → ㉢ → ㉣

> **출제영역** 안전관리
>
> 지게차 이용 중 재해 발생 시 운전 정지 → 피해자 구조 → 응급 처치 → 2차 재해 방지 순으로 조치해야 한다.

10

타이어식 건설기계에서 전후 주행이 되지 않을 때 점검해야 할 곳으로 틀린 것은?

① 변속장치를 점검한다.
② 타이로드 엔드를 점검한다.
③ 유니버설 조인트를 점검한다.
④ 주차브레이크 잠김 여부를 점검한다.

> **출제영역** 작업 전 점검
>
> 타이로드는 연결봉과 좌우측 너클 암 사이에 설치되어 좌우측 차바퀴를 동시에 작동하는 로드이다. 타이로드 엔드는 타이로드의 끝에 있는 볼과 소켓으로 된 조인트로, 핸들의 움직임을 바퀴에 전달하는 최종 단계의 부품이라고 보면 된다. 타이로드 엔드 불량 시 핸들의 흔들림 및 타이어 이상마모현상이 생긴다.

11 ⭐⭐

유압장치의 일상 점검 방법으로 틀린 것은?

① 오일량 점검
② 오일누설 여부 점검
③ 오일탱크 내부 점검
④ 이음새와 뚜껑의 풀림 점검

> 출제영역 | 작업 전 점검
> 오일탱크 내부는 일상 점검 대상에 해당되지 않는다.

12 ⭐⭐⭐

지게차 화물 적재작업 시 안전수칙으로 옳지 않은 것은?

① 가벼운 짐을 먼저 실은 후 무거운 짐을 싣는다.
② 화물이 흔들리면 밧줄이나 노끈 등으로 결착한다.
③ 화물을 들어올릴 때는 포크가 수평이 되도록 한다.
④ 화물을 적재할 장소 앞에서는 일단 정지한다.

> 출제영역 | 화물 적재 및 하역 작업
> 무거운 짐을 먼저 실은 다음 가벼운 짐을 싣는다.

13 ⭐⭐⭐

지게차 작업 후 점검해야 하는 사항으로 옳지 않은 것은?

① 그리스를 급유하기 전에는 급유할 부분을 깨끗이 닦는다.
② 타이어의 공기를 빼지 않은 상태에서 휠 너트를 풀어 정비한다.
③ 비탈진 곳에 주차한 경우 경사면 아래에 위치한 바퀴에 고임목을 설치한다.
④ 연료가 완전히 소진되지 않도록 하며 주유 시 엔진을 정지하고 연료탱크를 가득 채운다.

> 출제영역 | 작업 후 점검
> 지게차 타이어의 휠 너트를 풀기 전에는 반드시 타이어의 공기를 빼야 한다.

14 ⭐⭐

지게차 운전 중 다음과 같은 경고등이 점등되었다. 어떤 상태를 나타내고 있는 것인가?

① 엔진 예열장치가 작동 중이다.
② 전조등이 켜져 있다.
③ 충전장치에 문제가 있다.
④ 냉각수의 온도가 높다.

> 출제영역 | 작업 전 점검
> 지게차는 디젤기관을 주로 쓰는데, 디젤기관은 점화장치가 따로 없이 압축열에 의한 연료 점화에 의해 동력을 발생시킨다. 따라서 외부 온도가 낮은 겨울철에는 엔진 연소실 내부의 예열장치를 작동시켜 연소에 적합한 온도로 높여 준다.

15 ⭐⭐

다음과 같은 3방향 도로명 표지에 대한 설명으로 틀린 것은?

① 현재 주행 중인 도로는 '경수대로'이다.
② 차량을 우회전하는 경우 100번 고속도로로 갈 수 있다.
③ 서울 방향으로 가려면 차량을 좌회전한다.
④ '경수대로'는 1번 국도이다.

> 출제영역 | 건설기계관리법 및 도로교통법
> 현재 주행 중인 도로가 아니라, 내 앞에 가로로 놓인 도로가 '경수대로'이자 1번 국도라는 의미이다. 차량을 우회전하는 경우 경수대로를 따라가게 되고 100번 고속도로를 만날 수 있다.

16

화물의 부피가 너무 커서 시야를 방해할 경우 대처법으로 옳지 않은 것은?

① 후진으로 주행한다.
② 경적을 울리며 서행한다.
③ 적재물을 높이 올려 시야를 확보한다.
④ 보조자의 도움을 받아 동선을 확보한다.

> 출제영역 운전시야확보
> 지게차로 화물을 운반할 때 포크를 30cm 이상 들어올리면 안 된다.

17

원활한 지게차 작업을 위한 방법으로 옳지 않은 것은?

① 야간 작업 시 작업장의 조명을 충분히 밝혔다면 후미등은 사용하지 않는다.
② 부피가 큰 화물로 시야가 제한될 경우 유도자를 배치해야 한다.
③ 보조 신호수와는 항상 서로 맞대면해야 한다.
④ 지게차 운행통로의 폭은 지게차의 최대 폭보다 60cm 이상 넓어야 한다.

> 출제영역 운전시야확보
> 야간 작업 시에도 전조등, 후미등 등의 조명장치를 반드시 사용해야 한다.

18

도로교통법상 주차금지 장소로 틀린 것은?

① 전신주로부터 20m 이내인 곳
② 소방시설로부터 5m 이내인 곳
③ 횡단보도로부터 10m 이내인 곳
④ 안전지대로부터 10m 이내인 곳

> 출제영역 건설기계관리법 및 도로교통법
> 전신주 주변은 주차금지 장소로 규정된 곳이 아니다.

19

경사로에서 화물을 싣고 주행할 때 올바른 안전운전방법은?

① 경사로를 내려갈 때는 후진으로 주행한다.
② 기어를 중립에 놓고 경사로를 내려온다.
③ 경사로를 올라갈 때는 포크를 50cm 이상 올린다.
④ 마스트가 수직이 되도록 하고 주행한다.

> 출제영역 화물운반작업
> 경사로를 내려갈 때는 화물이 미끄러지지 않도록 화물이 경사로의 위쪽을 향하게 하여 후진주행한다.

20

다음 교통안전표지에 대한 설명으로 맞는 것은?

① 차 중량 제한표지
② 최고속도 30km/h 제한표지
③ 최저속도 30km/h 제한표지
④ 차간거리 최저 30m 제한표지

> 출제영역 건설기계관리법 및 도로교통법
> 교통안전표지 중 규제표지이며 최저속도 제한표지이다.

21 ★★★

도로교통법령상 교차로 통행방법에 대한 설명으로 가장 적절한 것은?

① 우회전 차는 차로에 관계없이 우회전할 수 있다.
② 교차로 중심 바깥쪽으로 좌회전한다.
③ 좌·우 회전 시 반드시 경음기를 사용하여 주위에 주의신호를 한다.
④ **좌회전 차는 미리 도로의 중앙선을 따라 서행으로 진행한다.**

> 출제영역 건설기계관리법 및 도로교통법
> 좌회전 차는 미리 도로의 중앙선을 따라 가장 왼쪽 차로로 진행하며 서행하고, 교차로의 중심 안쪽을 이용하여 좌회전한다.

22 ★★

도로에서 차로별 통행 구분에 따라 통행하는 방법으로 옳은 것은?

① 갑자기 차로를 바꾸어 옆 차선에 끼어드는 행위
② 두 개의 차로에 걸쳐서 운행하는 행위
③ 여러 차로를 연속으로 가로지르는 행위
④ **일방통행 도로에서 중앙 좌측 부분을 통행하는 행위**

> 출제영역 건설기계관리법 및 도로교통법
> 운전자는 도로의 중앙 우측 부분을 통행해야 하지만, 도로가 일방통행인 경우 도로의 중앙이나 좌측 부분을 통행할 수 있다.

23 ★★★

건설기계의 조종 중 고의로 6명에게 중상을 입힌 때 면허처분기준은?

① 면허효력정지 30일
② 면허효력정지 60일
③ 면허효력정지 90일
④ **면허 취소**

> 출제영역 건설기계관리법 및 도로교통법
> 건설기계의 조종 중 고의로 인명피해를 입힌 경우 면허 취소에 해당한다.

24 ★★

건설기계관리법상 건설기계를 폐기한 경우 며칠 이내에 등록 말소 신청을 해야 하는가?

① 사유가 발생한 날부터 10일 이내
② 사유가 발생한 날부터 20일 이내
③ **사유가 발생한 날부터 30일 이내**
④ 사유가 발생한 날부터 2개월 이내

> 출제영역 건설기계관리법 및 도로교통법
> 건설기계를 폐기한 경우 사유가 발생한 날부터 30일 이내에 등록 말소 신청을 해야 한다.

25 ★★

건설기계 등록번호표에 대한 사항 중 틀린 것은?

① **대여사업용 차량은 흰색 바탕에 검은색 문자를 사용한다.**
② 굴착기일 경우 기종별 기호표시는 02로 한다.
③ 문자와 외곽선은 1.5mm 튀어나와야 한다.
④ 재질은 알루미늄 제판이 사용된다.

> 출제영역 건설기계관리법 및 도로교통법
> 비사업용(관용 또는 자가용) 차량은 흰색 바탕에 검은색 문자, 대여사업용 차량은 주황색 바탕에 검은색 문자를 사용한다.

26 ★★★

인명피해 중 중상의 기준에 해당하는 것은?

① 1주 이상의 치료를 요하는 부상
② 2주 이상의 치료를 요하는 부상
③ **3주 이상의 치료를 요하는 부상**
④ 4주 이상의 치료를 요하는 부상

> 출제영역 건설기계관리법 및 도로교통법
> '중상'은 교통사고로 인하여 3주 이상의 치료를 요하는 부상을 입은 경우를 말한다.

27 ★★

교통사고가 발생하였을 때 동승자가 신고하게 하고 계속 운전할 수 있는 경우가 아닌 것은?

① 긴급자동차
② **구난자동차**
③ 우편물자동차
④ 부상자를 운반 중인 차

> 출제영역 응급대처
> 교통사고가 발생했을 때 긴급자동차, 부상자를 운반 중인 차, 우편물자동차 및 노면전차 등의 운전자는 긴급한 경우에는 동승자 등으로 하여금 조치나 신고를 하게 하고 운전을 계속할 수 있다.

28 ★★★

디젤 기관의 착화성을 나타내는 데 이용되는 수치는?

① 옥탄가
② 유동점
③ **세탄가**
④ 점도지수

> 출제영역 장비구조
> 세탄가는 디젤 연료의 착화성을 나타내는 척도이다.

29 ★★★

디젤기관에서 타이머의 역할로 가장 적합한 것은?

① 기관속도 조절
② 연료 분사량 조절
③ **연료 분사시기 조절**
④ 자동변속 단 조절

> 출제영역 장비구조
> 타이머는 기관의 회전속도에 따라 자동으로 연료의 분사시기를 조절하여 기관을 안정적으로 유지시킨다.

30 ★★★

기관의 피스톤이 고착되는 원인으로 틀린 것은?

① 냉각수의 양이 부족할 때
② **압축압력이 과다할 때**
③ 기관이 과열되었을 때
④ 엔진오일이 부족하였을 때

> 출제영역 장비구조
> 냉각수나 엔진오일의 양이 부족하면 기관이 과열되고, 피스톤이 실린더와 고착될 수 있다.

31 ★★★

다음 중 윤활유의 기능으로 모두 옳은 것은?

① 마찰감소, 스러스트작용, 밀봉작용, 냉각작용
② 마멸방지, 수분흡수, 밀봉작용, 마찰증대
③ **마찰감소, 마멸방지, 밀봉작용, 냉각작용**
④ 마찰증대, 냉각작용, 스러스트작용, 응력분산

> 출제영역 장비구조
> 윤활유의 기능은 마찰과 마멸 감소, 기관의 냉각과 세척, 밀봉 작용, 방청(녹 방지) 작용, 충격과 소음 완화, 응력 분산 등이 있다.

32 ★★★

압력식 라디에이터 캡에 대한 설명으로 옳은 것은?

① 냉각장치 내부압력이 부압이 되면 진공밸브가 열린다.
② 냉각장치 내부압력이 부압이 되면 공기밸브가 열린다.
③ 냉각장치 내부압력이 규정보다 낮을 때 공기밸브가 열린다.
④ 냉각장치 내부압력이 규정보다 높을 때 진공밸브가 열린다.

> 출제영역 장비구조
> 냉각수의 온도가 내려가 냉각장치의 내부압력이 부(-)압이 되면 진공밸브가 열려 보조 물탱크(리저브탱크)에서 라디에이터로 냉각수가 들어온다.

33 ★★

디젤기관에서 과급기를 설치하는 주된 목적은?

① 배기 소음을 줄이기 위해서
② 기관의 압력을 낮추기 위해서
③ 기관의 출력을 증대시키기 위해서
④ 기관의 회전수를 일정하게 하기 위해서

> 출제영역 장비구조
> 과급기는 공기를 압축하여 내연기관의 연소실로 더 많은 공기를 보내 엔진의 출력과 효율을 높이는 장치이다.

34 ★★★

납산 축전지의 용량은 어떻게 결정되는가?

① 극판의 수, 발전기의 충전능력에 따라 결정된다.
② 극판의 크기, 극판의 수, 황산의 양에 의해 결정된다.
③ 극판의 크기, 극판의 수, 단자의 수에 따라 결정된다.
④ 극판의 수, 셀의 수, 발전기의 충전능력에 따라 결정된다.

> 출제영역 장비구조
> 납산 축전지의 용량은 극판의 크기, 극판의 수, 전해액(황산)의 양에 의해 결정된다.

35 ★★

디젤기관에서 감압장치의 기능으로 가장 적절한 것은?

① 크랭크축의 회전속도를 늦춘다.
② 밸브를 열어주어 가볍게 회전시킨다.
③ 기관의 출력을 증대하는 장치이다.
④ 캠축을 원활히 회전시킬 수 있는 장치이다.

> 출제영역 장비구조
> 감압장치 또는 디콤프(de-comp)는 시동을 걸거나 끌 때 사용하는 시동보조장치이다. 디젤엔진을 시동할 때 실린더 상단에 있는 흡기, 배기 밸브 중에서 한 곳의 밸브를 강제로 열어서 실린더 내부의 압축압력을 낮추어 엔진의 시동을 돕고 회전이 원활하게 이루어지도록 한다. 특히 한랭 시 시동할 때 도움이 되며, 기동전동기에 무리가 가는 것을 예방하는 효과도 있다.

36 ★★

엔진이 기동되었는데도 시동스위치를 계속 ON 위치로 할 때 미치는 영향으로 맞는 것은?

① 엔진의 수명이 단축된다.
② 클러치 디스크가 마멸된다.
③ 크랭크축 저널이 마멸된다.
④ 시동전동기의 수명이 단축된다.

> 출제영역 장비구조
> 엔진이 이미 기동된 상태에서 시동스위치를 계속 ON 위치로 유지하면 시동전동기에 과도한 전류가 흐르게 되고 시동전동기의 부품 손상 및 과열로 이어져 수명 단축을 초래할 수 있다.

37

직류 직권식 전동기에 대한 설명으로 틀린 것은?

① 회전속도의 변화가 크다.
② 부하가 걸렸을 때, 회전속도가 낮아진다.
③ 기동 회전력이 분권전동기에 비해 크다.
④ **부하에 관계없이 회전속도가 거의 일정하다.**

> **출제영역** 장비구조
>
> 직류전동기 중 직권식 전동기는 기동 시 회전력이 크고, 부하 증가 시 회전속도가 낮아진다.

38

교류발전기에서 다이오드가 하는 역할은?

① 전압을 조정하고, 교류를 정류한다.
② 전류를 조정하고, 교류를 정류한다.
③ **교류를 정류하고, 역류를 방지한다.**
④ 여자전류를 조정하고, 역류를 방지한다.

> **출제영역** 장비구조
>
> 교류발전기에서 다이오드(정류기)는 교류를 정류하고 역류를 방지한다.

39

지게차에서 주행 중 핸들이 떨리는 원인으로 틀린 것은?

① **포크가 휘었을 때**
② 노면에 요철이 있을 때
③ 타이얼 휠이 휘었을 때
④ 타이어 밸런스가 맞지 않을 때

> **출제영역** 장비구조
>
> 포크가 휘는 것과 핸들이 떨리는 것은 관계가 없다.

40

토크 컨버터가 설치된 지게차의 기동 요령은?

① 클러치 페달을 밟고 저·고속 레버를 저속위치로 한다.
② 클러치 페달에서 서서히 발을 떼면서 가속페달을 밟는다.
③ 브레이크 페달을 밟고 저·고속 레버를 저속위치로 한다.
④ **클러치 페달을 조작할 필요 없이 가속페달을 서서히 밟는다.**

> **출제영역** 장비구조
>
> 토크 컨버터는 자동변속기의 유체 동력전달장치를 말하는 것으로, 차량이 출발할 때나 가속할 때 토크(회전력)를 증대시켜 가속력을 키우는 기능을 한다. 수동변속기의 클러치 역할을 수행하므로 클러치 페달을 따로 조작할 필요가 없다.

41

실드빔 형식의 전조등을 사용하는 건설기계장비에서 전조등 밝기가 흐려 야간운전에 어려움이 있을 때 올바른 조치방법으로 맞는 것은?

① 렌즈를 교환한다.
② **전조등 전체를 교환한다.**
③ 반사경을 교환한다.
④ 전구를 교환한다.

> **출제영역** 장비구조
>
> 실드빔 형식의 전조등은 일체형이기 때문에 이상 발생 시 전조등 전체를 교환해야 한다.

42

지게차에서 저압타이어를 사용하는 주된 이유는?

① 지게차의 롤링 방지를 위해 현가스프링을 장착하지 않기 때문에
② 고압타이어는 파손이 쉽고 정비의 난이도가 높기 때문에
③ 고압타이어는 가격적 측면에서 비경제적이고 사용기간이 짧기 때문에
④ 저압타이어는 조향을 쉽게 하고 타이어의 접착력이 크게 하기 때문에

> 출제영역 장비구조
> 지게차는 완충장치가 있으면 진동으로 포크에 실린 짐이 떨어질 수 있기 때문에 스프링 현가장치를 두지 않고 저압타이어를 사용한다.

43

지게차 제동장치(브레이크)가 갖추어야 할 조건으로 틀린 것은?

① 작동이 확실하고 효과가 클 것
② 신뢰성과 내구성이 우수할 것
③ 점검이나 조정이 용이할 것
④ 큰 힘으로 작동될 것

> 출제영역 장비구조
> 지게차의 제동장치는 작은 힘으로도 작동될 수 있어야 한다.

44

유압유(작동유)의 구비조건으로 옳지 않은 것은?

① 화학적으로 안정성이 좋을 것
② 열 안정성과 내열성이 클 것
③ 압축성 유체이고 밀도가 클 것
④ 점도 변화가 작고 적정한 유동성과 점성을 지닐 것

> 출제영역 장비구조
> 유압유는 비압축성이고 밀도가 작아야 한다.

45

유압모터의 회전속도가 규정 속도보다 느릴 경우의 원인에 해당하지 않는 것은?

① 유압유의 유입량 부족
② 유압펌프의 오일 토출량 과다
③ 오일의 내부 누설
④ 각 작동부의 마모 또는 파손

> 출제영역 장비구조
> 유압모터의 회전속도가 규정 속도보다 느릴 경우의 원인으로는 유압유의 유입량 부족, 오일의 내부 누설, 각 작동부의 마모 또는 파손 등이 있다.

46

다음 설명 중 유압모터의 특징으로 가장 적절한 것은?

① 저속에만 적합하고 출력당 힘이 약하다.
② 넓은 범위의 무단변속이 용이하다.
③ 속도나 방향제어가 불가능하다.
④ 강력한 힘을 얻을 수 있으나 부피가 크다.

> 출제영역 장비구조
> 유압모터는 체인·벨트와 풀리의 마찰에 의존하지 않고 유압에너지를 이용해 동력분배를 하기 때문에 무단변속이 용이하다.

47

유압장치에서 고압 소용량, 저압 대용량 펌프를 조합 운전할 때, 작동압이 규정 압력 이상으로 상승 시 동력 절감을 하기 위해 사용하는 밸브는?

① 감압 밸브
② **무부하 밸브**
③ 시퀀스 밸브
④ 릴리프 밸브

> **출제영역** 장비구조
> 무부하 밸브에 대한 설명이다.

48

유압장치에서 금속가루 또는 불순물을 제거하기 위해 사용되는 부품으로 짝지어진 것은?

① 여과기와 어큐뮬레이터
② 스크레이퍼와 필터
③ **필터와 스트레이너**
④ 어큐뮬레이터와 스트레이너

> **출제영역** 장비구조
> 필터와 스트레이너는 오일 내의 불순물을 걸러내는 여과장치이다. 일반적으로 스트레이너가 큰 입자를 거르고, 필터가 더 작은 입자를 걸러낸다.

49

유압 실린더의 종류에 해당하지 않는 것은?

① 복동 실린더 싱글로드형
② 복동 실린더 더블로드형
③ **단동 실린더 배플형**
④ 단동 실린더 램형

> **출제영역** 장비구조
> 배플은 오일탱크에 설치하여 내부 구역을 나누어 윤활유 흐름에 도움을 주는 격리판이다.

50

유압 건설기계의 고압 호스가 자주 파열되는 원인으로 가장 적합한 것은?

① 유압펌프의 고속 회전
② 오일의 점도저하
③ 유압모터의 고속 회전
④ **릴리프 밸브의 설정 압력 불량**

> **출제영역** 장비구조
> 릴리프 밸브는 회로 전체의 압력을 제어하여, 유압이 과하게 높아져 계통이 손상되는 것을 방지해 준다.

51

밀폐된 용기 내의 액체 일부에 가해진 압력은 어떻게 전달되는가?

① 유체 각 부분에 다르게 전달된다.
② 유체의 압력이 돌출 부분에서 더 세게 작용된다.
③ 유체의 압력이 홈 부분에서 더 세게 작용된다.
④ **유체 각 부분에 동시에 같은 크기로 전달된다.**

> **출제영역** 장비구조
> 밀폐된 용기 내의 액체 일부에 가해진 압력은 유체 각 부분에 동시에 같은 크기로 전달된다(파스칼의 원리).

52

지게차의 포크가 한쪽으로 기울어지는 경우 가장 큰 원인은?

① 한쪽 롤러가 마모되었다.
② **한쪽 체인이 늘어났다.**
③ 한쪽 실린더의 작동유가 부족하다.
④ 한쪽 틸트 실린더가 마모되었다.

> **출제영역** 장비구조
> 지게차 작업장치의 포크가 한쪽으로 기울어지는 가장 큰 원인은 한쪽 체인이 늘어나는 경우이다. 이때 체인의 길이는 핑거보드 롤러의 위치로 조절한다.

53

유압의 압력을 올바르게 나타낸 것은?

① 압력 = 단면적 × 가해진 힘
② 압력 = 단면적 / 가해진 힘
③ **압력 = 가해진 힘 / 단면적**
④ 압력 = 가해진힘 - 단면적

> **출제영역** 장비구조
> 압력은 단위 면적당 가해지는 힘을 말한다. 따라서 공식은 '압력 = 가해진 힘 / 단면적'이 된다.

54

지게차에서 리프트 실린더의 주된 역할은?

① **포크를 상승 또는 하강시킨다.**
② 포크를 앞뒤로 기울게 한다.
③ 마스터를 이동시킨다.
④ 마스터를 틸트시킨다.

> **출제영역** 장비구조
> 리프트 실린더는 포크를 상승 또는 하강시키는 역할을 한다.

55

커먼레일 연료분사장치의 저압부에 속하지 않는 것은?

① 연료탱크
② 저압펌프
③ 연료필터
④ **커먼레일**

> **출제영역** 장비구조
> 커먼레일은 커먼레일 연료분사장치의 고압부에 속한다.

56

지게차의 작업장치 중 둥근 목재나 파이프 등을 작업하는 데 적합한 것은?

① 로드 스태빌라이저
② 하이 마스트
③ 사이드 시프트
④ **힌지드 포크**

> **출제영역** 장비구조
> 힌지드 포크는 포크를 상하 각도로 이동시켜 둥근 목재나 파이프 등 원통형 화물을 운반하는 데 적합한 작업장치이다.

57

다음 중 지게차의 구성품이 아닌 것은?

① **블레이드**
② 틸트 실린더
③ 포크
④ 리프트 실린더

> **출제영역** 장비구조
> 지게차는 마스트, 리프트 실린더, 틸트 실린더, 포크, 리프트 체인, 카운터 웨이트, 백레스트, 핑거보드 등으로 구성되어 있다.

58 ★★★

다음 중 지게차의 일반적인 구동 방식으로 옳은 것은?

① 전륜 구동, 전륜 조향 방식이다.
② **전륜 구동, 후륜 조향 방식이다.**
③ 후륜 구동, 전륜 조향 방식이다.
④ 후륜 구동, 후륜 조향 방식이다.

출제영역 장비구조

지게차의 일반적인 구동 방식은 전륜(앞바퀴) 구동, 후륜(뒷바퀴) 조향 방식이다.

59 ★★★

지게차의 작업장치 중 마스트 후방으로 화물이 낙하하는 것을 방지하는 짐받이 틀을 무엇이라 하는가?

① **백레스트**
② 카운터 웨이트
③ 리프트 체인
④ 핑거보드

출제영역 장비구조

백레스트는 마스트 후방으로 화물이 낙하하는 것을 방지하는 짐받이 틀을 말한다.

60 ★★★

그림이 나타내는 유압기호는?

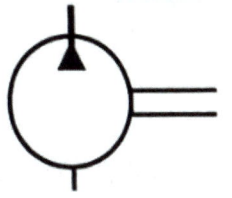

① 유압모터
② **정용량형 유압펌프**
③ 릴리프 밸브
④ 어큐뮬레이터

출제영역 장비구조

그림이 나타내는 유압기호는 정용량형 유압펌프이다.

제2회 CBT 기출복원문제

01

ILO(국제노동기구)의 구분에 의한 근로 불능 상해의 종류 중 응급조치 상해에 대한 설명으로 옳은 것은?

① 1일 미만의 치료를 받고 정상작업에 임할 수 있는 정도의 상해
② 3일 미만의 치료를 받고 정상작업에 임할 수 있는 정도의 상해
③ 1주 미만의 치료를 받고 정상작업에 임할 수 있는 정도의 상해
④ 4주 미만의 치료를 받고 정상작업에 임할 수 있는 정도의 상해

> 출제영역 안전관리
> 응급조치 상해는 1일 미만의 치료를 받고 정상작업에 임할 수 있는 정도의 상해를 말한다.

02

안전보호구 선택 시 유의사항으로 옳지 않은 것은?

① 품질이 좋아야 한다.
② 사용하기 쉬워야 한다.
③ 관리하기 편해야 한다.
④ 사용목적에 구애받지 않는다.

> 출제영역 안전관리
> 안전보호구 선택 시 사용목적에 적합해야 한다.

03

다음 산업안전 표지판이 나타내는 것은?

① 저온경고　　　② 고온경고
③ 고압전기경고　④ 레이저광선경고

> 출제영역 안전관리
> 산업안전 표지판의 종류 중 경고표지에 해당하며 고압전기경고표지이다.

04

화재가 발생하기 위해서 반드시 필요한 3가지 요소가 바르게 연결된 것은?

① 산화 물질 - 점화원 - 질소
② 산화 물질 - 소화원 - 산소
③ 가연성 물질 - 소화원 - 산소
④ 가연성 물질 - 점화원 - 산소

> 출제영역 안전관리
> 화재는 어떤 물질이 산소와 결합하여 연소하면서 열을 방출시키는 산화반응이며, 화재가 발생하기 위해서는 가연성 물질, 산소, 점화원이 반드시 필요하다.

05 ★★

해머 작업 시 안전수칙으로 틀린 것은?

① 장갑을 끼지 않는다.
② 작업에 적합한 무게의 해머를 사용한다.
③ 해머의 자루가 단단한 것을 사용한다.
④ **열처리된 장비의 부품은 강하므로 힘껏 때린다.**

> **출제영역** 안전관리
> 열처리된 재료는 해머로 강하게 타격해서는 안 된다.

06 ★★★

운반작업 시 지켜야 할 유의사항으로 옳은 것은?

① 흔들리는 화물은 사람이 붙잡아서 이동한다.
② 장비보다 가능한 한 많은 인력을 동원하여 하는 것이 좋다.
③ **인력으로 운반 시 무리한 자세로 장시간 작업하지 않도록 한다.**
④ 통로 및 인도에 가까운 곳에서는 빠른 속도로 벗어나도록 한다.

> **출제영역** 안전관리
> 무거운 물건을 운반할 때에는 장비를 이용하고 어깨보다 높이 들어 올리지 않으며, 어떠한 경우에도 사람을 승차시켜 화물을 붙잡아서 이동하지 않는다.

07 ★★

수공구 취급 시 지켜야 할 안전수칙으로 옳은 것은?

① 줄질한 후 쇳가루는 입으로 불어 치운다.
② 해머 작업 시 반드시 손에 장갑을 끼고 한다.
③ **공구 사용 시 사용방법을 충분하게 숙지하고 작업한다.**
④ 큰 회전력이 필요한 경우 스패너에 파이프를 끼워서 사용한다.

> **출제영역** 안전관리
> 수공구를 작업에 사용할 경우 미리 사용방법을 충분히 숙지하여야 한다.

08 ★★

정전된 경우 전기로 작동하던 기계기구에 대한 조치방법으로 적절하지 않은 것은?

① 즉시 스위치를 끈다.
② 퓨즈의 단선 유무를 검사한다.
③ 안전을 위해 작업장을 정리한다.
④ **전기가 들어오는 것을 알기 위해 스위치는 켜둔다.**

> **출제영역** 안전관리
> 작업장에서 정전이 되는 경우 기계기구의 스위치를 끈 후에 퓨즈의 단선 유무를 검사한다.

09 ★★

크레인으로 작업할 때 지켜야 할 안전사항으로 옳지 않은 것은?

① 신호자는 원칙적으로 1인이다.
② 신호수의 신호에 따라 작업한다.
③ 제한하중 이상의 것은 달아 올리지 않는다.
④ **원목처럼 길이가 긴 화물을 달아 올릴 때에는 수평으로 달아 올린다.**

> **출제영역** 안전관리
> 원목처럼 길이가 긴 화물을 달아 올릴 때에는 수직으로 달아 올린다.

10

소화작업에 대한 설명으로 틀린 것은?

① 산소의 공급을 차단한다.
② 가열물질의 공급을 차단한다.
③ 유류화재 시 물을 뿌리면 더 위험하다.
④ 전기화재 시 포말 소화기를 이용하여 진화한다.

> 출제영역 안전관리
> 전기화재 시에는 이산화탄소 소화기로 진화하는 것이 적합하다.

11

기관을 시동하기 전에 점검할 사항과 가장 관계가 먼 것은?

① 연료의 양
② 엔진오일의 양
③ 냉각수의 온도
④ 축전지의 충전상태

> 출제영역 작업 전 점검
> 시동 전에는 냉각수 및 엔진오일의 양, 연료량 및 유압작동유의 양, 배터리 충전 상태 등을 점검해야 한다.

12

화물적재 후 주행 시 포크와 지면 간 적당한 간격으로 옳은 것은?

① 10cm 이하
② 20~30cm
③ 50~60cm
④ 80~90cm

> 출제영역 화물 적재 및 하역 작업
> 화물을 적재하고 주행할 때에는 포크와 지면의 거리를 20~30cm로 유지한다.

13

지게차를 주차할 때 포크의 위치에 대한 설명으로 옳은 것은?

① 포크는 최대한 위로 올려 놓는다.
② 포크를 완전히 지면에 내려 놓는다.
③ 포크를 지면에서 30cm 정도 올려 놓는다.
④ 포크를 지면에서 60cm 정도 올려 놓는다.

> 출제영역 작업 후 점검
> 지게차를 주차할 때에는 포크가 지면에 완전히 닿도록 내려 놓는다.

14

지게차에서 리프트 실린더의 상승력이 부족한 원인으로 보기 어려운 것은?

① 오일 필터가 막힌 경우
② 유압펌프가 불량인 경우
③ 리프트 실린더에서 유압유가 유출된 경우
④ 틸트 로크 밸브의 밀착에 불량이 생긴 경우

> 출제영역 작업 전 점검
> 지게차에서 리프트 실린더의 상승력이 부족한 원인으로는 오일 필터가 막힌 경우, 유압펌프가 불량인 경우, 리프트 실린더에서 유압유가 유출된 경우 등이 있다.

15 ⭐⭐

지게차에 화물을 적재하고 주행하는 경우의 주의사항으로 옳지 않은 것은?

① 포크 등에 사람을 태우고 주행하지 않는다.
② 좁은 통로나 고갯길에서는 급발진, 급제동, 급선회 하지 않는다.
③ 내리막길에서는 기어를 중립상태에 놓고 타력을 이용하여 내려간다.
④ 전방시야가 확보되지 않는 경우에는 후진으로 경적을 울리면서 천천히 주행한다.

출제영역 | 화물운반작업

내리막길에서 주행하는 경우 저속기어로 엔진브레이크를 사용하면서 내려가야 하며, 엔진을 끄거나 기어를 중립상태로 하고 타력을 이용하여 내려가면 안 된다.

16 ⭐⭐⭐

건설기계장비에서 유압 구성부품을 분해하기 전에 내부압력을 제거하는 방법으로 옳은 것은?

① 압력밸브를 밀어 준다.
② 엔진정지 후 개방하면 된다.
③ 고정너트를 서서히 풀도록 한다.
④ 엔진정지 후 조정레버를 모든 방향으로 작동하여 압력을 제거한다.

출제영역 | 운전시야확보

건설기계장비에서 유압 구성부품을 분해하기 전에 엔진을 정지한 후 개방하여 내부압력을 제거하고 수리 및 교체하여야 한다.

17 ⭐⭐⭐

연식이 18년 된 1톤 지게차의 정기검사 유효기간은?

① 6개월   ② 2년
③ 1년   ④ 3년

출제영역 | 건설기계관리법 및 도로교통법

연식이 18년 된 1톤 지게차의 정기검사 유효기간은 2년이다(건설기계관리법 시행규칙 별표7 참조).

기종		연식	검사유효기간
3. 지게차	1톤 이상	20년 이하	2년
		20년 초과	1년

18 ⭐⭐⭐

건설기계 등록의 말소 사유에 해당하지 않는 것은?

① 건설기계를 폐기한 경우
② 건설기계를 수출하는 경우
③ 건설기계의 구조 변경을 했을 때
④ 정기검사 명령, 수시검사 명령 또는 정비 명령에 따르지 아니한 경우

출제영역 | 건설기계관리법 및 도로교통법

누구든지 등록된 건설기계의 주요 구조나 원동기, 동력전달장치, 제동장치 등 주요 장치를 변경 또는 개조하고자 하는 때에는 건설기계안전기준에 적합하게 하여야 한다(건설기계관리법 제17조 제1항).

19 ⭐⭐

건설기계관리법상 건설기계형식의 정의는?

① 성능 및 용량
② 형식 및 규격
③ 엔진구조 및 성능
④ 구조·규격 및 성능 등에 관하여 일정하게 정한 것

출제영역 | 건설기계관리법 및 도로교통법

"건설기계형식"이란 건설기계의 구조·규격 및 성능 등에 관하여 일정하게 정한 것을 말한다(건설기계관리법 제2조 제1항 제9호).

20

성능이 불량하거나 사고가 자주 발생하는 건설기계의 안전성 등을 점검하기 위하여 국토교통부장관의 명령에 따라 수시로 실시하는 검사는?

① 수시검사 ② 정기검사
③ 신규 등록검사 ④ 구조변경검사

출제영역 건설기계관리법 및 도로교통법

수시검사는 성능이 불량하거나 사고가 자주 발생하는 건설기계의 안전성 등을 점검하기 위하여 수시로 실시하는 검사와 건설기계 소유자의 신청을 받아 실시하는 검사이다(건설기계관리법 제13조 제1항 제4호).

21

건설기계정비업의 업무구분에 포함되지 않는 것은?

① 부분건설기계정비업 ② 전문건설기계정비업
③ 특수건설기계정비업 ④ 종합건설기계정비업

출제영역 건설기계관리법 및 도로교통법

건설기계정비업은 종합건설기계정비업, 부분건설기계정비업, 전문건설기계정비업으로 구분된다.

22

교통안전표지의 종류를 바르게 나열한 것은?

① 주의, 규제, 지시, 안내, 교통표지
② 주의, 규제, 지시, 보조, 노면표시
③ 주의, 규제, 지시, 안내, 보조표지
④ 주의, 규제, 안내, 보조, 통행표지

출제영역 건설기계관리법 및 도로교통법

교통안전표지의 종류에는 주의, 규제, 지시, 보조, 노면표시가 있다.

23

건설기계조종사면허를 취소하여야 하는 경우가 아닌 것은?

① 건설기계조종사면허증을 다른 사람에게 빌려 준 경우
② 정기적성검사를 받지 않고 6개월이 지난 경우
③ 건설기계조종사면허의 효력정지기간 중 건설기계를 조종한 경우
④ 거짓이나 그 밖의 부정한 방법으로 건설기계조종사 면허를 받은 경우

출제영역 건설기계관리법 및 도로교통법

정기적성검사를 받지 않고 1년이 지난 경우 건설기계조종사 면허를 취소해야 한다(건설기계관리법 시행규칙 별표22).

24

도로상의 안전지대를 옳게 설명한 것은?

① 자동차가 주차할 수 있도록 설치된 장소
② 연석선(차도와 보도를 구분하는 돌) 등으로 이어진 선
③ 도로를 횡단하는 보행자나 통행하는 차마의 안전을 위하여 안전표지나 이와 비슷한 인공구조물로 표시한 도로의 부분
④ 현실적으로 불특정 다수의 사람 또는 차마(車馬)가 통행할 수 있도록 공개된 장소로서 안전하고 원활한 교통을 확보할 필요가 있는 장소

출제영역 건설기계관리법 및 도로교통법

"안전지대"란 도로를 횡단하는 보행자나 통행하는 차마의 안전을 위하여 안전표지나 이와 비슷한 인공구조물로 표시한 도로의 부분을 말한다(도로교통법 제2조 제14호).

25

3년간 운전면허 벌점의 누산점수가 몇 점 이상일 경우 운전면허가 취소되는가?

① 110점
② 121점
③ 201점
④ **271점**

출제영역 건설기계관리법 및 도로교통법

운전면허 벌점의 누산점수가 1년간 121점 이상, 2년간 201점 이상, 3년간 271점 이상인 경우에는 운전면허가 취소된다(도로교통법 시행규칙 별표28).

26

엔진오일의 점도가 높을 경우 발생할 수 있는 현상은?

① 윤활유의 유동성이 좋아진다.
② 엔진의 윤활유 압력이 낮아진다.
③ 엔진 시동 시 동력 소모가 적다.
④ **엔진오일의 온도가 상승한다.**

출제영역 장비구조

엔진오일의 점도가 높을 경우 오일의 온도가 상승한다.

27

가솔린기관과 비교할 때 디젤기관이 갖고 있는 장점은?

① 소음과 진동이 적다.
② 엔진의 무게를 가볍게 만들 수 있다.
③ 제작 비용이 저렴하다.
④ **연료소비효율이 높다.**

출제영역 장비구조

디젤기관은 연료를 공기와 혼합하지 않고 직접 분사하기 때문에 분사되는 연료의 양을 정교하게 조절할 수 있어 연료소비효율이 높다.

28

디젤엔진에서 기관이 과열될 경우 일어날 수 있는 현상은?

① **실린더 헤드 개스킷이 손상된다.**
② 노킹이 발생하기 쉽다.
③ 배기가스가 누런색으로 변한다.
④ 윤활유의 유동성이 좋아진다.

출제영역 장비구조

기관이 과열될 경우 기관을 덮은 실린더 헤드 개스킷이 손상되기 쉽다.

29

경찰공무원이 없는 장소에서 인명피해와 물건의 손괴를 입힌 교통사고가 발생한 경우 가장 먼저 취해야 할 조치로 옳은 것은?

① 물건의 손괴된 상태를 파악한다.
② 피해자 가족에게 알리고 합의한다.
③ **사상자를 구호하고 가장 가까운 국가경찰관서에 신고한다.**
④ 보험회사의 빠른 대처를 위해 사상자가 있음을 우선적으로 알린다.

출제영역 응급대처

운전자 등은 사상자를 구호하는 등 필요한 조치를 하고 경찰공무원이 현장에 없을 때에는 가장 가까운 국가경찰관서에 지체 없이 신고하여야 한다(도로교통법 제54조 참조).

30 ★★★

엔진 부조의 발생 원인으로 옳지 않은 것은?

① 연료 라인의 공기 혼입
② 인젝터 간 연료 분사량 불균일
③ 인젝트 공급파이프의 연료 누설
④ **발전기 고장**

> **출제영역** 장비구조
> 연료 공급의 불량이 엔진 부조의 주 발생 원인이다.

31 ★★★

디젤기관 작동 중 시동이 꺼지는 원인으로 옳지 않은 것은?

① 연료탱크에 물 혼입
② **프라이밍 펌프 고장**
③ 분사노즐 막힘
④ 연료필터 막힘

> **출제영역** 장비구조
> 디젤기관 작동 중 시동이 꺼지는 것은 연료장치의 문제나 기관의 기계적 결함이 원인이다. 프라이밍 펌프는 연료 라인의 공기를 배출할 때 사용한다.

32 ★★

건식 공기청정기의 특징으로 옳은 것은?

① 여과기를 세척할 수 있다.
② 오일을 이용하여 불순물을 여과한다.
③ 원심력을 이용하여 먼지를 분리한다.
④ **작동이 불량하면 실린더가 마모되기 쉽다.**

> **출제영역** 장비구조
> 공기청정기의 작동이 불량하면 불순물이 실린더로 흡입되어 실린더가 마모되기 쉽다.

33 ★★★

라디에이터의 구비조건으로 옳은 것은?

① 부피가 크고 무거울 것
② 공기 흐름 저항이 클 것
③ **냉각수 흐름 저항이 작을 것**
④ 단위 면적당 방열량이 작을 것

> **출제영역** 장비구조
> 냉각수 흐름 저항이 작아 냉각수의 흐름이 용이한 것이 좋다.

34 ★★★

축전지의 취급에 대한 설명으로 옳지 않은 것은?

① 둘 이상의 축전지를 연결할 때는 다른 극끼리 연결한다.
② **축전지를 장기보관할 때는 완전 방전상태에서 보관한다.**
③ 전해액이 자연감소된 경우 증류수를 보충한다.
④ 시동을 쉽게 하려면 축전지를 따뜻하게 한다.

> **출제영역** 장비구조
> 축전지는 가급적 충전시켜서 보관하며, 장기보관하는 경우 주기적으로 충전해야 한다.

35 ★

펌프를 통해 냉각수를 순환시켜 기관을 식히는 냉각방식은?

① 자연 순환식
② **강제 순환식**
③ 밀봉 압력식
④ 압력 순환식

> **출제영역** 장비구조
> 펌프를 이용하여 냉각수를 강제로 순환시키는 방식은 강제 순환식 냉각장치이다.

36

전동기의 구성에 대한 설명으로 옳은 것은?

① 브러시는 본래 길이에서 60% 정도 마모되면 교환한다.
② 전기자 코일에 정류자를 설치하면 일정한 전압이 유지된다.
③ 솔레노이드는 기동 전동기의 회전력을 플라이휠에 전달한다.
④ 플레밍의 오른손 법칙에 의해 전류를 회전운동으로 변환한다.

> **출제영역** 장비구조
> ① 브러시는 본래 길이에서 1/3 정도 마모되면 교환한다.
> ② 정류자를 설치하면 일정한 전류가 유지된다.
> ④ 플레밍의 왼손 법칙을 이용한다.

37

교류발전기의 특징으로 옳지 않은 것은?

① 전기자와 정류자를 이용하여 전류를 생산한다.
② 저속에서도 충전하기 쉽다.
③ 작고 가볍게 만들 수 있다.
④ 실리콘 다이오드를 사용하여 정류 특성이 좋다.

> **출제영역** 장비구조
> 전기자와 정류자를 이용하는 것은 직류발전기에 대한 설명이다.

38

세미실드빔 형식의 전조등을 사용하는 건설기계장비에서 전조등이 점등되지 않을 때 가장 올바른 조치 방법은?

① 필라멘트만 교환한다.
② 전체 전조등을 교환한다.
③ 반사경을 교환한다.
④ 전구를 교환한다.

> **출제영역** 장비구조
> 고장 시 전체를 교환해야 하는 실드빔 형식과 달리 세미실드빔 형식은 전구만 따로 교환할 수 있다.

39

조향핸들의 유격이 커지는 원인으로 옳지 않은 것은?

① 조향바퀴 베어링 마모
② 타이로드 엔드 볼 조인트 마모
③ 타이어 마모
④ 앞바퀴 베어링 마모

> **출제영역** 장비구조
> 타이어 마모는 조향핸들의 유격과는 관계가 없다.

40

드라이브 라인에 대한 설명으로 옳지 않은 것은?

① 기어와 기어 사이를 이어 주기 위해 슬립이음을 사용한다.
② 연결부위에 가장 적합한 윤활유는 그리스이다.
③ 두 축의 각도변화에 대응하여 동력을 전달하기 위해 자재이음을 사용한다.
④ 추진축에 평형을 유지하기 위한 밸런스 웨이트가 장착되어 있다.

> **출제영역** 장비구조
> 추진축의 길이 방향에 변화를 주기 위해 슬립이음을 사용한다.

41

지게차의 리프트 실린더가 사용하고 있는 유압실린더 형식은?

① 단동식 실린더
② 복동식 실린더
③ 틸트 실린더
④ 왕복식 실린더

> **출제영역** 장비구조
> 지게차의 리프트 실린더는 단동식 실린더를 사용하고, 틸트 실린더는 복동식 실린더를 사용한다.

42

지게차의 포크를 상승시키기 위한 방법은?

① 리프트 레버를 앞으로 민다.
② **리프트 레버를 뒤로 당긴다.**
③ 틸트 레버를 앞으로 민다.
④ 틸트 레버를 뒤로 당긴다.

> 출제영역 장비구조
> 리프트 레버를 앞으로 밀면 포크가 하강하고, 뒤로 당기면 포크가 상승한다.

43

지게차 마스트 작업 시 조종레버가 3개 이상일 경우 설치 순서를 우측부터 나열하면?

① 리프트 레버, 부수장치 레버, 틸트 레버
② 리프트 레버, 틸트 레버, 부수장치 레버
③ 부수장치 레버, 리프트 레버, 틸트 레버
④ **부수장치 레버, 틸트 레버, 리프트 레버**

> 출제영역 장비구조
> 지게차 조종레버가 3개 이상일 경우의 설치 순서는 우측부터 부수장치 레버, 틸트 레버, 리프트 레버이다.

44

지게차가 무부하 상태에서 최대 조향각으로 운행했을 때 가장 바깥쪽 바퀴의 접지자국 중심점이 그리는 원의 반지름은 무엇인가?

① 최소 선회 반지름
② 최대 선회 반지름
③ **최소 회전 반지름**
④ 최대 회전 반지름

> 출제영역 장비구조
> 무부하 상태에서 최대 조향각으로 운행 시 가장 바깥쪽 바퀴의 접지자국 중심점이 그리는 원의 반경을 최소 회전 반지름이라고 한다.

45

다음 그림에서 지게차의 축간거리를 나타내는 것은?

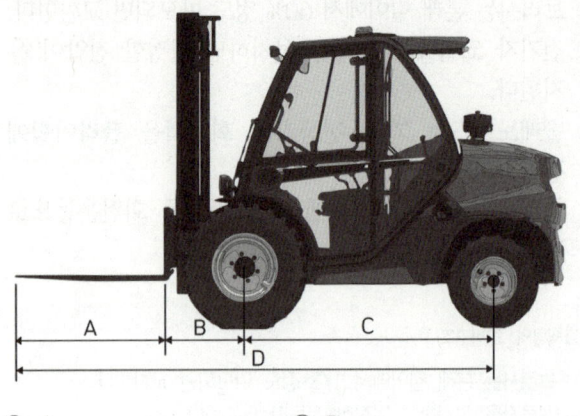

① A   ② B
③ **C**   ④ D

> 출제영역 장비구조
> 축간거리는 지게차의 앞바퀴 중심에서 뒷바퀴 중심까지의 거리이다.

46

지게차의 장비 중량에 포함되지 않는 것을 모두 고르면?

| ㄱ. 연료 | ㄴ. 냉각수 |
| ㄷ. 그리스 | ㄹ. 운전자의 무게 |

① ㄱ   ② **ㄹ**
③ ㄱ, ㄴ   ④ ㄴ, ㄷ, ㄹ

> 출제영역 장비구조
> 지게차의 장비 중량은 연료, 냉각수, 그리스 등을 포함하며 운전자의 무게는 포함하지 않는다.

47

다음은 클러치형 지게차의 동력전달순서를 나타낸 것이다. ( ) 안의 내용을 순서대로 나열한 것은?

> 엔진 → ( ) → ( ) → ( ) → 앞구동축 → 차륜

① 변속기, 종감속기어 및 차동장치, 클러치
② 변속기, 클러치, 종감속기어 및 차동장치
③ 클러치, 종감속기어 및 차동장치, 변속기
④ **클러치, 변속기, 종감속기어 및 차동장치**

출제영역 장비구조

클러치형 지게차는 '엔진 → 클러치 → 변속기 → 종감속기어 및 차동장치 → 앞구동축 → 차륜'의 순서로 동력이 전달된다.

48

지게차의 마스트와 프레임 사이에 설치된 2개의 복동식 유압실린더로 마스트를 전경 또는 후경으로 작동시켜 마스트의 앞뒤 경사각을 유지하는 장치는?

① 리프트 실린더
② 카운터 웨이트
③ 리프트 체인
④ **틸트 실린더**

출제영역 장비구조

틸트 실린더는 마스트와 프레임 사이에 설치된 2개의 복동식 유압실린더로 마스트를 전경 또는 후경으로 작동시켜 마스트의 앞뒤 경사각을 유지한다.

49

다음 지게차에 대한 설명 중 옳지 않은 것은?

① 지게차는 앞바퀴 구동, 뒷바퀴 조향 방식을 사용한다.
② **피트먼 암은 조향장치의 유압 조향 실린더 작동기와 벨크랭크 사이에 설치된다.**
③ 지게차의 앞바퀴는 직접 프레임에 설치된다.
④ 지게차에는 스프링 장치가 없다.

출제영역 장비구조

지게차 조향장치의 유압 조향 실린더 작동기와 벨크랭크 사이에 설치되는 것은 드래그링크이다.

50

지게차 제동장치의 마스터 실린더 조립 시 세척은 무엇으로 해야 하는가?

① 정제수   ② **브레이크액**
③ 냉각수   ④ 휘발유

출제영역 장비구조

지게차 제동장치의 마스터 실린더 조립 시 세척은 브레이크액(브레이크유)으로 한다.

51

유압장치의 기초가 되는 원리로 액체 일부에 가해진 압력은 유체의 모든 지점에 같은 크기로 전달된다는 원리는?

① **파스칼의 원리**   ② 지렛대의 원리
③ 아르키메데스의 원리   ④ 사이펀의 원리

출제영역 장비구조

파스칼의 원리는 액체 일부에 가해진 압력이 유체의 모든 지점에 같은 크기로 전달된다는 원리이다.

52
기어식 유압펌프에서 소음이 발생할 수 있는 원인이 아닌 것은?

① 오일의 양이 적을 때
② 펌프의 베어링이 마모됐을 때
③ 오일 속에 공기가 혼입됐을 때
④ 오일의 온도가 높을 때

출제영역 장비구조
오일의 온도는 소음과 관계가 없다.

53
기어펌프의 특징이 아닌 것은?

① 흡입력이 크고 구조가 복잡하다.
② 유압 작동유의 오염에 비교적 강하다.
③ 소음이 비교적 크다.
④ 피스톤펌프에 비해 효율이 떨어진다.

출제영역 장비구조
기어펌프는 흡입력이 크고 구조가 간단하다.

54
펌프와 방향전환 밸브 사이에서 유압을 일정하게 조절하여 일의 크기를 결정하는 밸브는 무엇인가?

① 방향제어 밸브   ② 압력제어 밸브
③ 유량제어 밸브   ④ 온도제어 밸브

출제영역 장비구조
압력제어 밸브는 펌프와 방향전환 밸브 사이에서 유압을 일정하게 조절하여 일의 크기를 결정한다.

55
유압펌프를 통해 전달된 에너지를 직선운동이나 회전운동으로 바꾸는 기기는?

① 액추에이터   ② 셔틀 밸브
③ 토크 컨버터 ④ 스트레이너

출제영역 장비구조
액추에이터는 유압펌프를 통해 전달된 에너지를 직선운동이나 회전운동으로 바꾼다.

56
방향제어 밸브에 속하지 않는 것은?

① 체크 밸브   ② 셔틀 밸브
③ 분류 밸브   ④ 감속 밸브

출제영역 장비구조
분류 밸브는 유량제어 밸브에 속한다.

57
실린더의 과도한 자연낙하현상이 발생하는 원인으로 옳은 것은?

① 릴리프 밸브 스풀의 마모
② 컨트롤 밸브의 조정 불량
③ 작동압력이 높음
④ 실린더 내 피스톤 실의 마모

출제영역 장비구조
실린더의 과도한 자연낙하현상은 릴리프 밸브의 조정 불량, 컨트롤 밸브 스풀의 마모, 실린더 내 피스톤 실의 마모 등에 의해 발생한다.

58

다음 중 오일탱크의 구비조건에 대한 설명으로 옳은 것을 모두 고르면?

> ㄱ. 드레인 및 유면계를 설치한다.
> ㄴ. 오일에 이물질이 혼입되지 않도록 밀폐되어야 한다.
> ㄷ. 적당한 크기의 주유구 및 스트레이너를 설치한다.

① ㄱ
② ㄱ, ㄴ
③ ㄴ, ㄷ
④ ㄱ, ㄴ, ㄷ

출제영역 장비구조

ㄱ, ㄴ, ㄷ 모두 옳은 설명이다.

59

유압장치에서 오일에 거품이 생기는 원인은?

① 오일의 양이 과다할 때
② 오일의 온도가 상승할 때
③ 오일 실이 손상되었을 때
④ 오일의 점도가 높을 때

출제영역 장비구조

오일 누출을 방지하는 오일 실이 손상되면 오일이 새거나 공기가 들어와 거품이 생길 수 있다.

60

다음 중 단동 실린더 양로드형을 나타내는 유압기호는?

①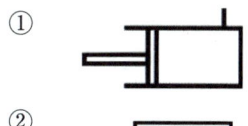

②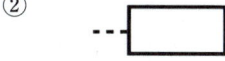

③

④

출제영역 장비구조

① 단동 실린더, ② 직접 파일럿 조작, ③ 단동 솔레노이드

제3회 CBT 기출복원문제

01 ⭐⭐

안전보호구의 구비조건으로 적합하지 않은 것은?

① 외관 및 디자인은 고려대상이 아니다.
② 사용방법이 간편하고 손질이 쉬워야 한다.
③ 품질이 양호하며 보호성능이 충분해야 한다.
④ 착용이 용이하고 착용 후 작업하기 쉬워야 한다.

> 출제영역 안전관리
> 안전보호구의 외관 및 디자인은 양호해야 한다.

02 ⭐⭐⭐

분진이 많은 작업현장에서 사용하는 마스크로 가장 적합한 것은?

① 산소 마스크   ② 방독 마스크
③ 방진 마스크   ④ 일반 마스크

> 출제영역 안전관리
> 먼지가 많이 발생하는 작업현장에서는 방진 마스크를 착용해야 호흡기를 보호할 수 있다.

03 ⭐⭐

화재의 분류 중에서 연소 후 재를 남기는 일반적인 화재는?

① A급 화재   ② B급 화재
③ C급 화재   ④ D급 화재

> 출제영역 안전관리
> A급 화재는 일반화재로 고체연료의 화재이며 연소 후 재를 남긴다.

04 ⭐⭐⭐

다음 그림의 안전표지판이 나타내는 것은?

① 금연
② 사용금지
③ 화기금지
④ 보행금지

> 출제영역 안전관리
> 산업안전 표지판의 종류 중 금지표지에 해당하며 보행금지표지이다.

05 ⭐⭐

작업장 안전 관리에 대한 설명으로 틀린 것은?

① 밀폐된 실내에서 장비의 시동을 걸지 않는다.
② 전원 콘센트 및 스위치 등에 물을 뿌리지 않는다.
③ 기름이 묻은 걸레 등은 나무상자에 넣어 보관한다.
④ 작업대 또는 기계 사이의 통로는 안전을 위해 일정한 너비가 필요하다.

> 출제영역 안전관리
> 화재 위험이 높은 기름이 묻은 걸레나 인화성물질은 철제상자에 보관하도록 한다.

06 ★★★

크레인으로 물건을 운반할 때 유의할 사항으로 틀린 것은?

① 적재물이 떨어지지 않도록 한다.
② 규정용량보다 다소 초과해도 된다.
③ 운반 중 사람이 다치지 않도록 한다.
④ 로프 등의 안전여부를 항상 점검한다.

출제영역 안전관리

크레인으로 물건을 운반할 때 규정된 용량을 초과하여 적재하지 않는다.

07 ★★★

일반 수공구 사용 시 주의사항으로 옳지 않은 것은?

① 공구의 본래 용도 이외에는 사용하지 않는다.
② 공구를 사용한 후에는 정해진 장소에 보관한다.
③ 수공구는 손에 잘 잡고 떨어지지 않게 작업한다.
④ 파손되거나 마모되더라도 작업에는 차질이 없으므로 무방하다.

출제영역 안전관리

공구가 파손되거나 마모된 경우에는 문제가 생길 수 있으므로 작업에 사용하지 않는다.

08 ★★★

전기용접 작업 시 용접기에 감전될 수 있는 경우가 아닌 것은?

① 발밑에 물이 있을 때
② 몸에 땀이 배어 있을 때
③ 옷이 비에 젖어 있을 때
④ 앞치마를 하지 않았을 때

출제영역 안전관리

전기용접 작업 시 물기가 있는 경우 감전되기 쉽다.

09 ★★★

가연성 가스저장실의 안전을 위해 지켜야 할 사항으로 옳은 것은?

① 휴대용 전등을 사용한다.
② 담뱃불을 가지고 출입해도 무방하다.
③ 편리성을 위해 실내에 스위치를 설치한다.
④ 기름걸레를 통과 통 사이에 끼워 충격을 완화한다.

출제영역 안전관리

가연성 가스저장실에서는 폭발 위험이 있으므로 흡연은 삼가고 실내에 스위치도 설치하지 않는다.

10 ★★

렌치 중에서 볼트 등을 조일 때 조이는 힘을 측정하기 위하여 쓰는 것은?

① 복스렌치
② 토크렌치
③ 소켓렌치
④ 오픈엔드렌치

출제영역 안전관리

토크렌치는 볼트나 너트 등을 조일 때 조임력을 규정값에 정확히 맞도록 하기 위해 사용한다.

11 ★★★

지게차의 일상 점검 사항이 아닌 것은?

① 엔진오일의 양 점검
② 브레이크액 수준 점검
③ 토크 컨버터의 오일 점검
④ 타이어 손상 및 공기압 점검

출제영역 작업 전 점검

토크 컨버터의 오일 점검은 일상적으로 이루어지기 어렵다.

12

지게차 운전 중에 갑자기 계기판에 충전 경고등이 점등되는 원인으로 옳은 것은?

① 충전이 되지 않고 있는 것이다.
② 충전계통에 아무 이상이 없다는 것이다.
③ 정상적으로 충전이 되고 있다는 것이다.
④ 주기적으로 점등되었다가 소등되는 것이다.

> **출제영역** 작업 전 점검
> 충전 경고등이 점등되는 것은 충전계통에 이상이 있거나 정상적인 충전이 되지 않고 있기 때문이다.

13

겨울철에 연료탱크를 가득 채워야 하는 이유로 옳은 것은?

① 연료가 적으면 출렁거리기 때문에
② 연료가 적으면 증발하여 손실되기 때문에
③ 연료 게이지에 고장이 발생하기 때문에
④ 공기 중 수분이 응축되어 물이 생기기 때문에

> **출제영역** 작업 후 점검
> 동절기에는 온도차에 따른 결로현상을 방지하기 위해 작업 후에는 연료를 가득 채워두는 것이 좋다.

14

지게차로 화물을 운반하는 경우 주의사항으로 옳지 않은 것은?

① 화물운반 거리는 2m 이내로 한다.
② 경사지인 경우 화물을 위쪽으로 한다.
③ 노면에서 약 20~30cm 상승 후 이동한다.
④ 노면의 상태가 좋지 않은 경우에는 저속으로 운행한다.

> **출제영역** 화물 적재 및 하역 작업
> 지게차는 약 100m 이내 공간에서 비교적 가벼운 화물을 적재하거나 하역 또는 운반하는 작업에 이용한다.

15

장애물이 없는 일반적인 장소에서 지게차로 화물을 운반할 때 적당한 포크의 높이는?

① 가능한 한 높은 높이
② 지면에서 20~30cm 정도 높이
③ 지면에서 40~50cm 정도 높이
④ 지면에서 60~70cm 정도 높이

> **출제영역** 화물운반작업
> 화물 운반 시 포크의 높이는 지면에서 20~30cm 정도를 유지한다.

16

지게차의 안전한 운행을 위해 확보해야 할 통로의 폭으로 옳은 것은?

① 지게차 1대의 최대폭에 60cm 이상의 여유
② 지게차 1대의 최소폭에 70cm 이상의 여유
③ 지게차 2대의 최대폭에 60cm 이상의 여유
④ 지게차 2대의 최소폭에 70cm 이상의 여유

> **출제영역** 화물운반작업
> 지게차 1대의 최대폭에 60cm 이상의 여유를 확보해야 하고, 지게차 2대의 최대폭에 90cm 이상의 여유를 확보해야 한다.

17

건설기계관리법상 건설기계사업에 포함되지 않는 것은?

① 건설기계정비업
② 건설기계수입업
③ 건설기계매매업
④ 건설기계해체재활용업

> **출제영역** 건설기계관리법 및 도로교통법
>
> "건설기계사업"이란 건설기계대여업, 건설기계정비업, 건설기계매매업 및 건설기계해체재활용업을 말한다(건설기계관리법 제2조 제1항 제3호).

18

건설기계등록번호표에 표시되지 않는 것은?

① 연식
② 기종
③ 용도
④ 등록번호

> **출제영역** 건설기계관리법 및 도로교통법
>
> 건설기계등록번호표(등록번호표)에는 용도·기종 및 등록번호를 표시해야 한다(건설기계관리법 시행규칙 제13조 제1항).

19

건설기계관리법령상 건설기계의 총 종류의 개수로 옳은 것은?

① 15종(14종 및 특수건설기계)
② 21종(20종 및 특수건설기계)
③ 27종(26종 및 특수건설기계)
④ 36종(35종 및 특수건설기계)

> **출제영역** 건설기계관리법 및 도로교통법
>
> 건설기계관리법령상 건설기계는 특수건설기계를 포함하여 27종(26종 및 특수건설기계)으로 분류되어 있다.

20

건설기계의 검사를 연장받을 수 있는 기간이 잘못 연결된 것은?

① 압류된 건설기계의 경우 : 압류재산이 매각된 기간 이내
② 건설기계 대여업을 휴지하는 경우 : 휴지기간 이내
③ 해외임대를 위하여 일시 반출된 경우 : 반출기간 이내
④ 타워크레인 또는 천공기가 해체된 경우 : 해체되어 있는 기간 이내

> **출제영역** 건설기계관리법 및 도로교통법
>
> 해외임대를 위하여 일시 반출되는 건설기계의 경우에는 반출기간 이내, 압류된 건설기계의 경우에는 그 압류기간 이내, 타워크레인 또는 천공기(터널보링식 및 실드굴진식으로 한정한다)가 해체된 경우에는 해체되어 있는 기간 이내 그 연장기간 동안 검사유효기간이 연장된 것으로 본다(건설기계관리법 시행규칙 제31조의2 제3항 참조).

21

건설기계의 구조 변경 범위에 속하지 않는 것은?

① 원동기 및 전동기의 형식변경
② 적재함의 용량 증가를 위한 변경
③ 수상작업용 건설기계의 선체의 형식변경
④ 타워크레인 설치기초 및 전기장치의 형식변경

> **출제영역** 건설기계관리법 및 도로교통법
>
> 건설기계의 기종변경, 육상작업용 건설기계규격의 증가 또는 적재함의 용량 증가를 위한 구조변경은 이를 할 수 없다(건설기계관리법 시행규칙 제42조 단서).

22 ★★★

건설기계관리법상 건설기계 조종사의 면허를 받을 수 있는 사람은?

① 알코올중독자
② 18세 미만인 사람
③ 듣지 못하는 사람
④ 파산자로서 복권되지 아니한 사람

> **출제영역** 건설기계관리법 및 도로교통법
>
> 건설기계조종사면허의 결격사유(건설기계관리법 제27조)
> 1. 18세 미만인 사람
> 2. 건설기계 조종상의 위험과 장해를 일으킬 수 있는 정신질환자 또는 뇌전증환자로서 국토교통부령으로 정하는 사람
> 3. 앞을 보지 못하는 사람, 듣지 못하는 사람, 그 밖에 국토교통부령으로 정하는 장애인
> 4. 건설기계 조종상의 위험과 장해를 일으킬 수 있는 마약·대마·향정신성의약품 또는 알코올중독자로서 국토교통부령으로 정하는 사람
> 5. 건설기계조종사면허가 취소된 날부터 1년(또는 2년)이 지나지 아니하였거나 건설기계조종사면허의 효력정지처분 기간 중에 있는 사람

23 ★★★

노면표시에서 색채가 다른 하나는?

① 중앙선표시
② 전용차로표시
③ 주차금지표시
④ 안전지대 중 양방향 교통을 분리하는 표시

> **출제영역** 건설기계관리법 및 도로교통법
>
> 노면표시에서 중앙선표시, 주차금지표시, 정차·주차금지표시, 정차금지지대표시, 보호구역 기점·종점 표시의 테두리와 어린이보호구역 횡단보도 및 안전지대 중 양방향 교통을 분리하는 표시는 노란색이고, 전용차로표시 및 노면전차전용로표시는 파란색이다(도로교통법 시행규칙 별표6).

24 ★★★

긴급자동차의 우선통행에 대한 설명으로 옳지 않은 것은?

① 긴급자동차는 긴급하고 부득이한 경우에는 도로의 중앙이나 좌측 부분을 통행할 수 있다.
② 긴급자동차는 정지하여야 하는 경우에도 불구하고 긴급하고 부득이한 경우에는 정지하지 아니할 수 있다.
③ 긴급자동차를 본래의 긴급한 용도로 운행하지 아니하는 경우에도 경광등을 켜거나 사이렌을 작동할 수 있다.
④ 교차로나 그 부근에서 긴급자동차가 접근하는 경우에는 차마와 노면전차의 운전자는 교차로를 피하여 일시정지하여야 한다.

> **출제영역** 건설기계관리법 및 도로교통법
>
> 긴급자동차를 그 본래의 긴급한 용도로 운행하지 아니하는 경우에는 「자동차관리법」에 따라 설치된 경광등을 켜거나 사이렌을 작동하여서는 아니 된다(도로교통법 제29조 제6항).

25 ★★★

앞지르기 금지 장소가 아닌 것은?

① 터널 안
② 버스정류장 부근
③ 경사로의 정상 부근
④ 교차로 도로의 구부러진 곳

> **출제영역** 건설기계관리법 및 도로교통법
>
> 앞지르기 금지 장소는 교차로, 터널 안, 다리 위, 도로의 구부러진 곳, 비탈길의 고갯마루 부근 또는 가파른 비탈길의 내리막 등이 있다(도로교통법 제22조 제3항).

26 ★★★

전기장치의 퓨즈가 끊어져 새것으로 교체하였으나 또 끊어진 경우의 조치방법으로 옳은 것은?

① 좀 더 새것으로 교체한다.
② 용량이 큰 것으로 갈아 끼운다.
③ 구리선이나 납선으로 교체한다.
④ **전기장치의 고장개소를 찾아 수리한다.**

> **출제영역** 응급대처
> 전기장치의 퓨즈가 끊어져 새것으로 교체하였으나 또 끊어진 경우 전기장치의 고장개소를 찾아 수리해야 한다.

27 ★★

윤활유의 역할로 옳지 않은 것은?

① 냉각 작용
② 방청 작용
③ 세척 작용
④ **공명 작용**

> **출제영역** 장비구조
> 윤활유는 마찰감소, 세척, 녹 방지(방청), 냉각, 충격완화 등의 역할을 한다.

28 ★★

디젤엔진에서 가장 일반적으로 사용하는 엔진 윤활 방법은?

① **압송식**
② 비산식
③ 샨트식
④ 회전식

> **출제영역** 장비구조
> 오일펌프로 오일을 각 윤활 부분에 압송시켜 공급하는 압송식을 주로 사용한다.

29 ★★

실린더 마모의 원인으로 옳은 것은?

① **흡입공기 중의 먼지**
② 큰 피스톤 간격
③ 거버너의 작동불량
④ 냉각수의 과열

> **출제영역** 장비구조
> 에어필터를 통해 흡입되는 공기에 섞인 먼지 등의 이물질이 실린더를 마모시킬 수 있다.

30 ★★

디젤엔진에서 연료계통에 들어 있는 공기를 빼는 순서로 옳은 것은?

① **공급펌프 → 연료여과기 → 분사펌프**
② 연료여과기 → 분사펌프 → 공급펌프
③ 공급펌프 → 분사펌프 → 연료여과기
④ 분사펌프 → 연료여과기 → 공급펌프

> **출제영역** 장비구조
> '공급펌프 → 연료여과기 → 분사펌프' 순서로 공기를 뺀다.

31

현재 디젤기관에 많이 사용되는 영구부동액의 성분은?

① 폴리프로필렌
② 에틸렌 글리콜
③ 글리세롤
④ 에탄올

출제영역 장비구조
부동액의 주 성분으로 에틸렌 글리콜이 쓰인다.

32

터보차저에 대한 설명으로 옳은 것은?

① 기관의 출력을 높이기 위해 설치한다.
② 기관 내의 흡입공기량을 감소시킨다.
③ 배기 소음을 줄이는 역할을 한다.
④ 과급기에 설치되어 공기를 불어넣는다.

출제영역 장비구조
터보차저는 기관의 흡입공기량을 증가시켜 출력을 높이는 공기압축기이다.

33

라디에이터의 정온기가 열린 채로 고장이 날 경우 일어나는 현상으로 가장 옳은 것은?

① 엔진오일의 소비량이 늘어난다.
② 엔진에 진동과 소음이 발생한다.
③ 엔진 온도가 과도하게 상승한다.
④ 엔진 온도가 정상적으로 상승하지 않는다.

출제영역 장비구조
정온기가 열린 채 고장이 나는 경우 과냉의 원인이 된다.

34

디젤 연료 취급 시 주의사항으로 옳은 것은?

① 수분 혼입을 막기 위해 드레인 콕을 닫은 채로 유지한다.
② 드럼통으로 연료를 운반할 경우 내용물이 균일하게 섞이도록 흔든다.
③ 작업 후 탱크에 연료를 가득 채워 빈 공간을 남기지 않는다.
④ 연료 주입은 운전 중에 하는 것이 효과적이다.

출제영역 장비구조
기포와 수분 응축 방지를 위해 작업 후 탱크에 연료를 가득 채운다.

35

기동 전동기를 취급할 때 주의사항으로 틀린 것은?

① 레버가 중립 위치일 때 기관 시동을 시행한다.
② 기관 시동 후 시동 스위치를 켜지 않는다.
③ 전선의 굵기는 되도록 가는 것을 사용한다.
④ 기동 전동기의 회전속도는 규정치 이상을 유지한다.

출제영역 장비구조
전선이 너무 가늘면 과전류 시 발열이 생기기 쉬우므로 규정치 이상의 굵은 것을 사용한다.

36 ★★★

납산 축전지를 급속 충전할 때의 주의사항으로 옳은 것은?

① 충전 전류는 축전지 용량과 동일하게 한다.
② 충전 중 전해액의 온도를 45℃ 이상으로 유지한다.
③ 접지케이블을 연결한 상태에서 충전한다.
④ **충전 시간은 30분 이내로 한다.**

> **출제영역** 장비구조
> 과전류로 열이 발생하거나 수명이 단축될 수 있으므로 급속 충전은 30분 이내로 짧게 한다.

37 ★★

교류발전기의 주요 구성 요소로 틀린 것은?

① 전류가 흐르면 전자석이 되는 로터
② 전류를 발생시키는 스테이터
③ **전류를 공급하는 계자코일**
④ 교류를 직류로 변환시키는 다이오드

> **출제영역** 장비구조
> 계자코일은 직류발전기의 구성 요소이다.

38 ★

유압식 동력조향장치의 특징으로 옳지 않은 것은?

① 전동식 조향장치에 비해 구조가 복잡하다.
② 작은 조작력으로 조향 조작을 할 수 있다.
③ **바퀴의 시미 현상을 높인다.**
④ 노면에서의 충격을 흡수해 준다.

> **출제영역** 장비구조
> 유압식 동력조향장치를 이용하면 핸들에 진동을 느끼는 시미 현상을 줄일 수 있다.

39 ★★★

운전 중 경고등이 들어왔을 경우의 원인으로 가장 적절하지 않은 것은?

① 운전 중 충전 경고등이 들어온 경우 충전이 되고 있지 않음을 나타낸다.
② 기관 회전 중에도 전류계 지침이 움직이지 않는 경우 레귤레이터의 고장을 의심한다.
③ **운전 중 엔진오일 경고등이 들어온 경우 오일 밀도가 낮다는 의미이다.**
④ 냉각수 경고등이 들어온 경우 냉각수의 온도가 과열되었음을 나타낸다.

> **출제영역** 장비구조
> 운전 중 엔진오일 경고등이 점등되는 경우 드레인 플러그 열림, 윤활계통 막힘, 오일필터 막힘 등의 원인이 있으며, 즉시 시동을 끄고 오일계통을 점검해야 한다.

40 ★★

타이어의 구조에 대한 설명으로 옳지 않은 것은?

① 고무 피복 코드를 여러 겹으로 겹쳐 골격을 이루는 부분은 카커스이다.
② 트레드 패턴을 통해 구동력, 견인력, 조향성을 향상시킨다.
③ **트레드가 마모되면 제동력이 좋아진다.**
④ 타이어의 접지압은 공차상태의 무게(kgf)÷접지면적(cm^2)으로 계산한다.

> **출제영역** 장비구조
> 트레드가 마모되면 젖은 노면에서 배수가 원활하지 않아 제동거리가 길어진다.

41

지게차의 마스트를 앞쪽 또는 뒤쪽으로 기울일 때 작동시키는 것은?

① 리프트 레버
② 부수장치 레버
③ 변속 레버
④ **틸트 레버**

> [출제영역] 장비구조
> 틸트 레버를 뒤로 당기면 마스트가 뒤로 기울고, 앞으로 당기면 마스트가 앞으로 기운다.

42

지게차의 유압식 브레이크는 어떤 원리를 이용한 것인가?

① 애커먼 장토식 원리
② 지렛대의 원리
③ **파스칼의 원리**
④ 랙크 피니언 원리

> [출제영역] 장비구조
> 지게차의 유압식 브레이크는 파스칼의 원리를 이용한 것이다.

43

지게차 작업장치의 포크가 한쪽이 기울어지는 경우의 해결 방법은?

① **체인 조정**
② 틸트 실린더 조정
③ 틸트 레버 조정
④ 리프트 레버 조정

> [출제영역] 장비구조
> 포크가 한쪽이 기울어지는 것은 한쪽 체인이 늘어지는 경우 발생하므로 체인을 조정한다.

44

다음 지게차에 대한 설명 중 틀린 것은?

① 최소 회전 반지름은 바퀴가 그리는 반지름이다.
② 최소 선회 반지름은 차체가 그리는 반지름이다.
③ 지게차가 무부하 상태에서 최대 조향각으로 운행했을 때 가장 바깥쪽 바퀴의 접지자국 중심점이 그리는 원의 반지름은 최소 회전 반지름이다.
④ **지게차가 무부하 상태에서 최대 조향각으로 운행했을 때 차체의 가장 바깥부분이 그리는 원의 반지름은 최대 선회 반지름이다.**

> [출제영역] 장비구조
> 무부하 상태에서 최대 조향각으로 운행 시 차체의 가장 바깥부분이 그리는 원의 반경은 최소 선회 반지름이다.

45

다음 지게차의 제원 용어의 설명이 잘못된 것은?

① 전고 : 지게차의 가장 상단 부분에서부터 지면까지의 거리
② 축간거리 : 지게차의 앞축의 중심부로부터 뒤축의 중심부까지의 수평거리
③ 하중중심 : 지게차 포크의 수직면에서부터 포크 위에 놓인 화물의 무게중심까지의 거리
④ **전폭 : 포크의 앞부분 끝에서부터 지게차의 뒷부분 끝까지의 길이**

> [출제영역] 장비구조
> 포크의 앞부분 끝에서부터 지게차의 뒷부분 끝까지의 길이를 말하는 것은 전장이다.

46

지게차의 마스트를 포크 쪽으로 최대로 기울였을 때의 경사각은?

① 전경각
② 틸팅각
③ 후경각
④ 조향각

출제영역 장비구조

전경각은 지게차의 마스트를 포크 쪽으로 기울인 최대경사각이다.

47

마스트가 2단으로 확장되어 높은 곳에 물건을 옮길 수 있는 장치는 무엇인가?

① 프리 마스트
② 하이 마스트
③ 힌지드 포크
④ 스키드 포크

출제영역 장비구조

하이 마스트는 마스트가 2단으로 확장되어 높은 곳에 물건을 옮길 수 있는 장치이다.

48

지게차의 일반적인 조향방식은 무엇인가?

① 앞바퀴 조향방식
② 뒷바퀴 조향방식
③ 3륜 조향방식
④ 4륜 조향방식

출제영역 장비구조

지게차는 일반적으로 뒷바퀴 조향방식을 사용한다.

49

차체를 이동시키지 않고 포크를 좌우로 움직여서 물건을 적재할 수 있는 장치는?

① 프리 리프트 마스트
② 스키드 포크
③ 힌지드 버킷
④ 사이드 시프트

출제영역 장비구조

사이드 시프트는 차체를 이동시키지 않고 포크를 좌우로 움직여서 물건을 적재하고 하역할 수 있다.

50

포크 포지셔너에 대한 설명으로 옳지 않은 것은?

① 포크 사이의 간격을 조정할 수 있다.
② 양개식, 편개식, 시프트식 등이 있다.
③ 레버 2개로 포크를 동시에 움직이는 것은 양개식이다.
④ 레버 2개로 포크를 각각 움직이는 것은 편개식이다.

출제영역 장비구조

양개식은 레버 1개로 포크를 동시에 움직이는 것이다.

51

유압장치의 기본적인 구성요소에 해당하지 않는 것은?

① 유압 구동장치
② 유압 발생장치
③ 유압 제어장치
④ 유압 변속장치

출제영역 장비구조

유압장치의 기본적인 구성요소는 유압 구동장치, 유압 발생장치, 유압 제어장치이다.

52

유압기기의 작동속도를 높이기 위한 방법은?

① 유압펌프의 토출유량을 감소시킨다.
② **유압펌프의 토출유량을 증가시킨다.**
③ 유압모터의 압력을 높인다.
④ 유압모터의 압력을 낮춘다.

출제영역 장비구조

유압기기의 작동속도를 높이기 위해서는 유압펌프의 토출유량을 증가시킨다.

53

유압펌프의 유압이 낮거나 펌프량이 적은 원인으로 옳은 것은?

① 기어와 펌프 내벽 사이 간격이 작은 경우
② 오일탱크에 오일이 너무 많은 경우
③ 기어 옆 부분과 펌프 내벽 사이의 간격이 작은 경우
④ **펌프 흡입라인에 막힘이 있는 경우**

출제영역 장비구조

유압펌프의 유압이 낮거나 펌프량이 적은 원인으로는 기어와 펌프 내벽 사이 간격이 큰 경우, 오일탱크에 오일이 너무 적은 경우, 기어 옆 부분과 펌프 내벽 사이의 간격이 큰 경우, 펌프 흡입라인에 막힘이 있는 경우 등이 있다.

54

유압모터의 단점으로 옳은 것은?

① 변속, 역전의 제어가 용이하지 않다.
② **작동유의 점도변화에 의하여 사용에 제약이 있다.**
③ 속도나 방향의 제어가 어렵다.
④ 소형 경량이므로 큰 출력을 낼 수 없다.

출제영역 장비구조

유압모터는 작동유의 점도변화에 의하여 사용에 제약이 있다.

55

유압장치의 부속기기에 대한 설명으로 옳지 않은 것은?

① **유압유 작동부에서 오일이 누출되고 있을 때 가장 먼저 점검해야 할 곳은 유압탱크이다.**
② 오일탱크의 부속장치에는 주입구 캡, 유면계, 배플, 스트레이너 등이 있다.
③ 더스트 실은 피스톤 로드에 있는 먼지 등이 실린더 내로 혼입되는 것을 방지한다.
④ 유압 에너지를 저장하고 충격 흡수와 압력 보상의 역할을 하는 것은 어큐뮬레이터이다.

출제영역 장비구조

유압유 작동부에서 오일이 누출되고 있을 때 가장 먼저 점검해야 할 곳은 실(Seal)이다.

56

릴리프 밸브에 대한 설명으로 옳지 않은 것은?

① 설정 압력이 불량하면 유압 건설기계의 고압 호스가 자주 파열된다.
② 유압회로의 압력을 일정하게 유지시킨다.
③ 볼이 밸브의 시트를 때려 소음을 발생시키는 채터링 현상이 발생한다.
④ **방향전환 밸브와 실린더 사이에 설치된다.**

출제영역 장비구조

릴리프 밸브는 펌프와 방향전환 밸브 사이에 설치된다.

57

유량제어 밸브에 대한 설명으로 옳지 않은 것은?

① 회로 내 유체의 흐르는 방향을 조절해준다.
② 스로틀 밸브, 압력보상 밸브, 니들 밸브 등이 있다.
③ 액추에이터의 작동 속도는 유량과 관계가 깊다.
④ 액추에이터는 압력에너지를 기계적 에너지로 변환시킨다.

> 출제영역 장비구조
> 유량제어 밸브는 유량을 조절하여 속도를 조절해준다. 회로 내 유체의 흐르는 방향을 조절하는 것은 방향제어 밸브이다.

58

오일의 압력이 낮아지는 원인으로 옳은 것은?

① 수분이 혼입되었다.
② 오일의 점도가 낮다.
③ 오일의 온도가 높다.
④ 공기가 유입되었다.

> 출제영역 장비구조
> 오일의 압력이 낮아지는 원인으로는 오일의 점도가 낮아진 경우, 계통 내에서 누설이 있는 경우, 오일펌프가 마모된 경우 등이 있다.

59

유압유의 점도가 낮을 때의 특징은?

① 펌프 효율이 높아진다.
② 오일이 누출되기 쉽다.
③ 회로 압력이 높아진다.
④ 오일의 온도가 높아진다.

> 출제영역 장비구조
> 유압유의 점도가 낮으면 작동 중 틈새로 오일이 누출되기 쉽다.

60

다음 중 무부하 밸브를 나타내는 유압기호는?

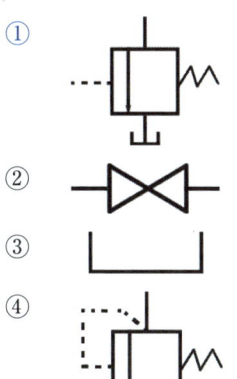

> 출제영역 장비구조
> ② 스톱 밸브, ③ 오일 탱크, ④ 릴리프 밸브

제4회 CBT 기출복원문제

01 ★★
작업현장에서 지켜야 할 안전수칙으로 틀린 것은?

① 기름 묻은 걸레는 구석에 쌓아 둔다.
② 흡연 장소로 정해진 장소에서 흡연한다.
③ 안전보호구 및 방호장치를 반드시 사용한다.
④ 작업 전, 작업 중, 작업 후의 점검을 철저히 실시한다.

출제영역 안전관리
기름 묻은 걸레는 정해진 용기에 보관한다.

02 ★★★
낙하, 추락, 감전 등의 위험성으로부터 머리를 보호하는 안전보호구는?

① 안전모
② 안전화
③ 안전대
④ 안전작업복

출제영역 안전관리
안전모는 작업자가 작업 시 날아오는 물건이나 낙하하는 물건에 의한 위험성으로부터 머리를 보호한다.

03 ★★★
휘발유, 벤젠 등의 유류 화재에 해당하는 것은?

① A급 화재
② B급 화재
③ C급 화재
④ D급 화재

출제영역 안전관리
화재의 분류 중에서 휘발유, 벤젠 등의 유류(기름) 화재는 B급 화재이다.

04 ★★★
다음 그림의 안전표지판이 나타내는 것은?

① 출입금지
② 탑승금지
③ 안전복착용
④ 몸균형상실경고

출제영역 안전관리
산업안전 표지판의 종류 중 지시표지에 해당하며 안전복착용지시표지이다.

05 ★
공구를 사용 시 재해의 원인으로 거리가 먼 것은?

① 사용방법 미숙지
② 잘못된 공구 선택
③ 공구의 안전 점검 소홀
④ 규격에 맞는 공구 사용

출제영역 안전관리
작업에 공구를 사용하는 경우 반드시 규격에 맞는 공구를 사용해야 한다.

06 ✭

중량물을 들어 올리는 경우 가장 안전한 방법은?

① 로프 이용
② 지렛대 이용
③ 사람의 힘
④ 체인블록 이용

출제영역 **안전관리**
작업장에서 중량물을 들어 올리는 방법 중 안전상 가장 올바른 것은 체인블록(chain block)을 이용하여 들어 올리는 것이다.

07 ✭✭✭

인화성물질이 아닌 것은?

① 산소
② 가솔린
③ 프로판가스
④ 아세틸렌가스

출제영역 **안전관리**
산소는 인화성물질이 아니라 조연성가스에 해당한다.

08 ✭✭✭

가스장치의 누출 여부 및 위치를 정확하게 확인하는 방법은?

① 촛불 검사
② 냄새로 감지
③ 비눗물 검사
④ 분말 소화기 사용

출제영역 **안전관리**
가스의 누설 여부를 확인하기 위해서 비눗물 검사를 해보는 것이 좋다.

09 ✭✭✭

방화 대책의 구비사항으로 보기 어려운 것은?

① 소화기구
② 방화벽
③ 스위치 표시
④ 스프링클러

출제영역 **안전관리**
방화 대책은 화재가 발생할 경우를 대비하여 소화시설 및 방화시설을 구비해놓는 것이다.

10 ✭✭

엔진오일이 우유색을 띠는 경우 그 원인으로 옳은 것은?

① 경유의 유입
② 냉각수의 유입
③ 가솔린의 유입
④ 연소가스의 유입

출제영역 **작업 전 점검**
실린더헤드 개스킷이나 실린더블록이 파손되면서 엔진오일의 통로에 냉각수가 섞이면 우유색을 띠게 될 수 있다.

11 ✭✭✭

건설기계장비에서 기관을 시동한 후 정상운전 가능상태를 확인하기 위해 운전자가 가장 먼저 점검해야 하는 것은?

① 엔진오일의 양
② 주행속도계
③ 오일압력계
④ 냉각수온도계

출제영역 **작업 전 점검**
시동한 후에도 오일압력계가 점등되어 있다면 즉시 시동을 멈추고 윤활계통을 점검해야 한다.

12

지게차의 주차에 대한 설명으로 옳은 것은?

① 마스트는 후방으로 기울여 놓는다.
② 포크를 지면에서 약 30cm 정도 되도록 놓는다.
③ 경사지에 정지시킨 후 레버는 중립 위치에 놓는다.
④ **포크는 완전히 지면에 내려 닿도록 하고 마스트를 전방으로 기울여 놓는다.**

출제영역 작업 후 점검

지게차는 평탄한 곳에 주차시킨 후 포크는 완전히 지면에 닿도록 내려 놓고 마스트를 전방으로 적절하게 기울여 놓는다.

13

지게차로 화물을 하역할 때 필요한 좌우 안정도와 전후 안정도를 바르게 연결한 것은?

① **좌우 6% 이내 - 전후 4% 이내**
② 좌우 8% 이내 - 전후 6% 이내
③ 좌우 10% 이내 - 전후 8% 이내
④ 좌우 12% 이내 - 전후 10% 이내

출제영역 화물 적재 및 하역 작업

안정도는 지게차의 화물 하역, 운반 시 전도에 대한 안전성을 표시하는 수치로 하역작업 시 좌우 안정도는 6%, 하역작업 시 전후 안정도는 4%(5t 이상 : 3.5%)이다.

14

지게차에 적재물을 싣고 안전하게 운반하기 위한 방법으로 옳은 것은?

① 적재물은 포크로 찍어서 운반한다.
② 마스트를 5~10° 전경하여 운반한다.
③ 적재물을 최대한 높이 들어 올려 운행한다.
④ **주행속도는 10km/h를 초과하지 않도록 한다.**

출제영역 화물운반작업

짐을 싣고 주행할 때는 절대로 속도를 내서는 안 되며 주행속도가 10km/h를 초과하지 않도록 한다.

15

지게차를 이용한 야간작업을 진행하는 경우 유의사항으로 옳지 않은 것은?

① 작업장에는 충분한 조명시설이 되어 있어야 한다.
② **조명이 충분하다면 전조등이나 후미등은 필요 없다.**
③ 야간에는 원근감이나 지면의 고저가 불명확함에 주의한다.
④ 주변의 작업원이나 장애물에 주의하며 안전한 속도로 운전한다.

출제영역 운전시야확보

야간작업 시 안전을 위해 전조등, 후미등 그 밖의 조명시설이 고장 난 상태에서 작업해서는 안 된다.

16 ★★★

건설기계관리법상 건설기계 등록 전 임시운행 사유가 아닌 것은?

① 신개발 건설기계를 시험·연구의 목적으로 운행하는 경우
② 등록신청을 하기 위하여 건설기계를 등록지로 운행하는 경우
③ 판매 또는 전시를 위하여 건설기계를 일시적으로 운행하는 경우
④ 정비명령을 받은 건설기계가 정비공장과 검사소를 운행하고자 할 때

출제영역 건설기계관리법 및 도로교통법

건설기계의 등록 전에 일시적으로 운행을 할 수 있는 경우는 다음과 같다(건설기계관리법 시행규칙 제6조 제1항).
1. 등록신청을 하기 위하여 건설기계를 등록지로 운행하는 경우
2. 신규등록검사 및 확인검사를 받기 위하여 건설기계를 검사장소로 운행하는 경우
3. 수출을 하기 위하여 건설기계를 선적지로 운행하는 경우
3의2. 수출을 하기 위하여 등록말소한 건설기계를 점검·정비의 목적으로 운행하는 경우
4. 신개발 건설기계를 시험·연구의 목적으로 운행하는 경우
5. 판매 또는 전시를 위하여 건설기계를 일시적으로 운행하는 경우

17 ★★

건설기계관리법령상 등록번호표의 반납사유가 발생하였을 경우 반납해야 하는 시기로 옳은 것은?

① 발생 즉시
② 5일 이내
③ 7일 이내
④ 10일 이내

출제영역 건설기계관리법 및 도로교통법

등록된 건설기계의 소유자는 등록번호표의 반납사유가 발생하였을 경우에는 10일 이내에 등록번호표의 봉인을 떼어낸 후 그 등록번호표를 국토교통부령으로 정하는 바에 따라 시·도지사에게 반납하여야 한다(건설기계관리법 제9조 참조).

18 ★★

건설공사용 건설기계로서 정기검사 유효기간이 3년인 건설기계로 옳은 것은?

① 덤프트럭
② 타워크레인
③ 무한궤도식 굴착기
④ 트럭적재식 콘크리트펌프

출제영역 건설기계관리법 및 도로교통법

타이어식 굴착기의 정기검사 유효기간은 1년이지만 무한궤도식 굴착기의 경우에는 3년이다.

19 ★★

덤프트럭이 건설기계 검사소 검사가 아닌 출장검사를 받을 수 있는 경우는?

① 너비가 3.5m인 경우
② 차체중량이 30톤인 경우
③ 최고 속도가 50km/h인 경우
④ 건설기계가 지방에 있는 경우

출제영역 건설기계관리법 및 도로교통법

너비가 2.5m를 초과하는 경우에는 출장검사를 받을 수 있다.

20 ★★

건설기계 정비시설을 갖춘 정비사업자만이 정비할 수 있는 것은?

① 오일의 보충
② 배터리 교환
③ 유압장치 호스 교환
④ 방향지시등 전구의 교환

출제영역 건설기계관리법 및 도로교통법

유압장치 호스의 교환 등은 건설기계 정비시설을 갖춘 정비사업자만이 정비할 수 있다.

21 ★★

건설기계관리법 시행규칙상 건설기계 구조변경 검사신청을 해야 하는 날은 변경한 날로부터 며칠 이내인가?

① 7일 ② 10일
③ 20일 ④ 30일

출제영역 건설기계관리법 및 도로교통법

구조변경검사를 받으려는 자는 주요 구조를 변경 또는 개조한 날부터 20일 이내에 건설기계구조변경 검사신청서에 서류를 첨부하여 시·도지사에게 제출해야 한다(건설기계관리법 시행규칙 제25조 제1항).

22 ★★

건설기계의 조종 중 과실로 100만원의 재산피해를 입힌 경우 면허 처분 기간으로 옳은 것은?

① 면허 효력정지 2일
② 면허 효력정지 7일
③ 면허 효력정지 10일
④ 면허 효력정지 20일

출제영역 건설기계관리법 및 도로교통법

건설기계의 조종 중 과실로 재산피해를 입힌 경우 재산피해금액 50만원마다 면허효력정지 1일이므로 100만원의 재산피해를 입힌 경우의 면허 효력정지 처분 기간은 총 2일이다.

23 ★★★

신호 중 가장 우선하는 신호로 옳은 것은?

① 신호등 신호 ② 신호기 신호
③ 경찰관의 수신호 ④ 안전표시의 지시

출제영역 건설기계관리법 및 도로교통법

신호 중에서 경찰공무원의 신호가 가장 우선되므로 신호가 상충되는 경우 경찰공무원의 신호 또는 지시에 따라야 한다.

24 ★★★

도로교통법상 서행 또는 일시정지할 장소로 지정된 곳이 아닌 경우는?

① 도로가 구부러진 부근
② 가파른 비탈길의 내리막
③ 비탈길의 고갯마루 부근
④ 교통정리를 하고 있는 교차로

출제영역 건설기계관리법 및 도로교통법

모든 차 또는 노면전차의 운전자는 교통정리를 하고 있지 아니하는 교차로에서는 서행하여야 한다(도로교통법 제31조 제1항).

25 ★★★

다음 그림의 교통안전표지에 대한 설명으로 옳은 것은?

① 좌우회전 표지
② 좌우회전 금지표지
③ 양측방 일방 통행표지
④ 양측방 통행 금지표지

출제영역 건설기계관리법 및 도로교통법

교통안전표지 중 지시표지이며 좌우회전 표지이다.

26

고장 유형별 응급조치 방법에 대한 설명으로 옳지 않은 것은?

① 이상이 발견되면 즉시 조치를 취한다.
② 이상의 원인을 파악하고 고장을 미연에 방지한다.
③ 원인이 불명확한 경우에는 서비스센터와 상담하여 대처한다.
④ **원리에 근거하여 계통적으로 조정하기보다는 개별적인 수리에 중점을 둔다.**

> 출제영역 응급대처
>
> 고장은 여러 원인이 중복되어 발생할 수 있으므로 반드시 원리에 근거하여 계통적으로 조정하여 해결해야 한다.

27

실린더가 마모되었을 때 나타나는 현상이 아닌 것은?

① 윤활유 소모
② 압축효율 저하
③ **연료 분사량 감소**
④ 출력 저하

> 출제영역 장비구조
>
> 실린더가 마모되면 기밀이 깨져 윤활유가 새고 압축효율이 저하되어 출력이 저하된다.

28

엔진오일의 소모량이 커지는 원인으로 옳지 않은 것은?

① 밸브가이드의 마모가 심할 때
② 실린더의 마모가 심할 때
③ 피스톤링의 마모가 심할 때
④ **크랭크축의 마모가 심할 때**

> 출제영역 장비구조
>
> 밸브가이드, 실린더, 피스톤링 등의 마모가 심할 경우 엔진오일이 연소실로 유입되어 소모량이 커진다.

29

엔진오일의 점도에 대한 설명으로 옳은 것은?

① 겨울에는 점도가 높은 윤활유를 사용한다.
② 점도지수가 작으면 점도 변화가 작다.
③ **점도가 다른 두 오일을 혼합하면 안 된다.**
④ SAE 번호가 높을수록 점도가 낮다.

> 출제영역 장비구조
>
> 점도가 다르거나 제작사가 다른 오일을 혼합하면 예상치 못한 화학반응을 일으킬 수 있어 좋지 않다.

30

디젤 기관에서 조속기가 하는 역할로 옳은 것은?

① 연료의 점도를 조절한다.
② **연료의 분사량을 조절한다.**
③ 연료의 분사압력을 조절한다.
④ 연료의 분사시기를 조절한다.

> 출제영역 장비구조
>
> 조속기(거버너)는 기관의 회전속도에 따라 연료의 분사량을 조절한다.

31

디젤 연료의 세탄가에 대한 설명으로 가장 옳은 것은?

① **연료의 착화성에 관련된 성질이다.**
② 세탄가가 높으면 노킹이 쉽게 발생한다.
③ 온도에 따른 연료의 점도변화를 수치로 나타낸 것이다.
④ 세탄가가 낮으면 연료 소비 효율이 높아진다.

> 출제영역 장비구조
>
> 세탄가는 디젤 연료의 착화성을 나타내는 척도이며, 세탄가가 높으면 점화지연시간이 짧아져 노킹에 대한 저항성이 높아진다.

32

예연소실식 디젤기관에서 금속 튜브 속에 들어 있는 히트코일로 공기를 직접 예열하는 방식은?

① 실드형 예열플러그식
② 흡기 가열식
③ 코일형 예열플러그식
④ 히트레인지식

> 출제영역 장비구조
> 실드형 예열플러그식은 금속 튜브 속에 히트코일이 들어 있으며 열선이 병렬연결되어 있다.

33

기관의 냉각팬에 대한 설명으로 옳은 것은?

① 냉각팬이 회전할 때 공기는 엔진 방향으로 분다.
② 전동팬이 작동하지 않을 때는 물 펌프도 회전하지 않는다.
③ 냉각팬 벨트의 장력이 셀 경우 엔진이 과열될 수 있다.
④ 전동팬은 냉각수의 온도에 따라 작동된다.

> 출제영역 장비구조
> 전동팬은 냉각수의 온도가 85~100℃일 경우 작동하여 냉각수의 온도를 낮춘다.

34

기동 전동기의 시험 항목에 포함되지 않는 것은?

① 부하 시험
② 홀드인 시험
③ 중부하 시험
④ 무부하 시험

> 출제영역 장비구조
> 기동 전동기의 시험 항목에는 부하 시험, 무부하 시험, 홀드인 시험, 회전력 시험, 저항 시험 등이 있다.

35

날이 추울 때 기동 전동기의 크랭킹 회전수가 떨어지는 원인은?

① 엔진오일 점도 감소
② 기동 부하 감소
③ 실린더 마찰력 감소
④ 축전지의 용량 감소

> 출제영역 장비구조
> 기온이 떨어지면 축전지의 용량과 성능이 떨어진다.

36

납산 축전지의 전해액이 빨리 줄어드는 원인으로 가장 적절한 것은?

① 과충전이 되고 있다.
② 극판이 황산화되었다.
③ 과방전이 되고 있다.
④ 축전지 온도가 낮다.

> 출제영역 장비구조
> 축전지가 과충전될 경우 전해액 소모가 빠르다.

37 ★★★

디젤기관 가동 중 발전기가 고장이 났을 때 발생할 수 있는 현상으로 틀린 것은?

① 전류계의 지침이 (-)쪽을 가리킨다.
② 충전 경고등에 불이 들어온다.
③ 배터리가 방전되어 시동이 꺼진다.
④ 헤드램프를 켜면 불빛이 어두워진다.

> **출제영역** 장비구조
> 발전기는 축전지에 충전전류를 공급하며, 고장이 났을 때 바로 배터리가 방전되어 시동이 꺼지지는 않는다.

38 ★

퓨즈에 대한 설명으로 틀린 것은?

① 퓨즈가 끊어지면 철사나 구리선으로 대용한다.
② 전기회로에서 퓨즈는 직렬로 설치한다.
③ 퓨즈는 표면이 산화되면 끊어지기 쉽다.
④ 퓨즈의 용량은 A로 표기한다.

> **출제영역** 장비구조
> 퓨즈는 회로의 가장 약한 곳이 되어 과전류를 방지하는 역할을 하므로, 튼튼한 철사나 구리선으로 대용하면 안 된다.

39 ★★★

클러치에 대한 설명으로 옳지 않은 것은?

① 클러치는 기어 변속 시 들어가는 마찰을 줄여 준다.
② 클러치 스프링의 장력이 약하면 클러치가 미끄러진다.
③ 운전 중 클러치가 미끄러지면 속도와 견인력이 감소한다.
④ 클러치의 용량은 엔진 회전력의 1.5~2.5배이다.

> **출제영역** 장비구조
> 클러치는 마찰력을 이용하여 기관의 동력을 수동변속기로 전달 또는 차단한다. 마찰이 크게 작용하여 마모가 쉽게 일어난다.

40 ★★

클러치 페달의 유격에 대한 설명으로 옳은 것은?

① 클러치가 잘 미끄러지도록 한다.
② 클러치 페달의 자유간극은 클러치 링키지 로드로 조정한다.
③ 유격이 작으면 클러치가 끊어지지 않아 기어변속에 불리하다.
④ 유격이 크면 클러치 디스크의 마모가 심해진다.

> **출제영역** 장비구조
> 클러치 페달을 살짝 밟았을 때 바로 클러치가 떨어지지 않도록 약간의 유격을 준다. 이 간격은 클러치 링키지 로드로 조정한다.

41 ★★★

지게차의 포크를 상승 또는 하강시키는 역할을 하는 장치는?

① 리프트 체인 ② 카운트 웨이트
③ 리프트 실린더 ④ 틸트 실린더

> **출제영역** 장비구조
> 지게차의 포크를 올리거나 내리는 역할을 하는 장치는 리프트 실린더이다.

42 ★★★

리프트 레버의 작동 방식으로 옳은 것은?

① 리프트 레버를 뒤로 당기면 포크가 하강한다.
② **리프트 레버를 앞으로 밀면 포크가 하강한다.**
③ 리프트 레버를 뒤로 당기면 마스트가 뒤로 기운다.
④ 리프트 레버를 앞으로 밀면 마스트가 뒤로 기운다.

> **출제영역** 장비구조
> 리프트 레버를 뒤로 당기면 포크가 상승하고, 앞으로 밀면 포크가 하강한다. 마스트를 기울이기 위해서는 틸트 레버를 작동시킨다.

43 ★★★

지게차의 작업장치 중 동력전달 기구가 아닌 것은?

① 틸트 실린더 ② 리프트 실린더
③ **백레스트** ④ 리프트 체인

> **출제영역** 장비구조
> 지게차의 작업장치 중 동력전달 기구는 틸트 실린더, 리프트 실린더, 리프트 체인이다.

44 ★★★

지게차의 축간거리에 대한 설명으로 옳은 것은?

① 축간거리가 커질수록 지게차의 안정도는 떨어진다.
② 지게차 포크의 수직면에서부터 포크 위에 올려진 화물의 무게중심까지의 거리이다.
③ m로 표기하는 것이 일반적이다.
④ **축간거리가 커질수록 회전반경이 커진다.**

> **출제영역** 장비구조
> 축간거리는 지게차의 앞축의 중심부로부터 뒤축의 중심부까지의 수평거리를 말하며, mm로 표기하는 것이 일반적이다. 축간거리가 커질수록 지게차의 안정도는 향상되고, 회전반경이 커진다.

45 ★★

지게차의 마스트를 조종실 쪽으로 최대로 기울였을 때의 경사각은 어느 범위에 속하는가?

① 0~2° ② 5~6°
③ **10~12°** ④ 18~20°

> **출제영역** 장비구조
> 지게차의 마스트를 조종실 쪽으로 최대로 기울였을 때의 경사각을 후경각이라고 하며, 이때 경사각은 10~12°의 범위에 있다.

46 ★★★

지게차가 무부하 상태에서 최대 조향각으로 운행했을 때 차체의 가장 바깥부분이 그리는 원의 반지름은 무엇인가?

① 최소 회전 반지름 ② **최소 선회 반지름**
③ 최대 회전 반지름 ④ 최대 선회 반지름

> **출제영역** 장비구조
> 무부하 상태에서 최대 조향각으로 운행 시 차체의 가장 바깥부분이 그리는 원의 반경을 최소 선회 반지름이라고 한다.

47 ★★★

작업 용도에 따른 지게차 분류 중 틀린 것은?

① **하이 시프트** ② 사이드 시프트
③ 하이 마스트 ④ 3단 마스트

> **출제영역** 장비구조
> 하이 시프트는 작업 용도에 따른 지게차 분류에 포함되지 않는다.

48 ★★

지게차를 작업용도에 따라 분류할 때, 다음에서 설명하고 있는 장치는 무엇인가?

> 압착판으로 화물을 위에서 눌러주어 낙하하는 것을 방지해주는 장치로, 경사진 곳이나 거친 지면에서 사용하기에 적합하다.

① 로드 스태빌라이저
② 스키드 포크
③ 로테이팅 클램프
④ 포크 포지셔너

출제영역 장비구조

로드 스태빌라이저는 압착판으로 화물을 위에서 눌러줌으로써 낙하를 방지해주는 장치이며, 경사진 곳이나 거친 지면에서 사용하기에 적합하다.

49 ★★★

지게차의 제동장치에 대한 설명으로 옳지 않은 것은?

① 유압식 브레이크는 파스칼의 원리를 이용한다.
② 마스터 실린더의 리턴구멍이 막히면 제동이 잘 풀린다.
③ 제동장치 마스터 실린더 조립 시 세척은 브레이크유로 한다.
④ 브레이크 페달은 지렛대의 원리를 이용한다.

출제영역 장비구조

마스터 실린더의 리턴구멍이 막히면 제동이 잘 풀리지 않는다.

50 ★★★

다음 토크 컨버터형 지게차의 동력전달순서 중 빈칸에 들어갈 내용은?

> 엔진 → 토크 컨버터 → ( ) → 종감속기어 및 차동장치 → 앞구동축 → 최종 감속기 → 차륜

① 변속기
② 구동모터
③ 컨트롤러
④ 클러치

출제영역 장비구조

토크 컨버터형 지게차는 '엔진 → 토크 컨버터 → 변속기 → 종감속기어 및 차동장치 → 앞구동축 → 최종 감속기 → 차륜'의 순서로 동력이 전달된다.

51 ★★

다음 유압에 관련된 설명 중 옳지 않은 것은?

① 유압의 압력은 단위 면적당 작용하는 힘의 세기를 말한다.
② 단위 시간에 이동하는 유체의 체적을 토출압이라고 한다.
③ 유압장치를 이용하면 작은 동력원으로 큰 힘을 낼 수 있다.
④ 유압장치는 유체의 압력에너지를 이용하여 기계적인 일을 하게 하는 것이다.

출제영역 장비구조

단위 시간에 이동하는 유체의 체적을 유량이라고 한다.

52

유압장치의 점검 항목이 아닌 것은?

① 오일의 양 점검
② 오일 압력 점검
③ 벨트 장력 점검
④ 누유 여부 점검

출제영역 장비구조

벨트 장력 점검은 전기장치, 냉각팬 등의 점검 항목이다.

53

베인펌프의 특징이 아닌 것은?

① 구조가 간단하고 성능이 좋다.
② 맥동이 적고 수명이 짧다.
③ 소형이고 경량이다.
④ 유지관리가 쉽다.

출제영역 장비구조

베인펌프는 맥동이 적고 수명이 길다.

54

오일탱크의 구성장치 중 흡입관에 설치되어 유압유에 포함된 불순물을 제거하는 장치는 무엇인가?

① 배플
② 유면계
③ 스트레이너
④ 드레인 플러그

출제영역 장비구조

스트레이너는 흡입관에 설치되어 유압유에 포함된 불순물을 제거한다.

55

유압모터에 대한 설명으로 옳지 않은 것은?

① 유압 에너지에 의해 연속적으로 회전운동을 함으로써 기계적인 일을 하는 것을 말한다.
② 용량은 유압작동부 압력(kgf/cm^2)당 토크로 나타낸다.
③ 기어형 모터, 베인형 모터, 피스톤형 모터가 있다.
④ 변속, 역전의 제어가 용이하다.

출제영역 장비구조

유압모터의 용량은 입구압력(kgf/cm^2)당 토크로 나타낸다.

56

방향제어 밸브에 대한 설명으로 옳지 않은 것은?

① 유체의 흐름 방향을 변환한다.
② 방향제어 밸브를 동작시키는 방식에는 수동식, 유압파일럿식, 전자식 등이 있다.
③ 체크 밸브, 스풀 밸브, 셔틀 밸브 등이 있다.
④ 액추에이터의 속도를 제어한다.

출제영역 장비구조

액추에이터의 속도를 제어하는 역할을 하는 것은 유량제어 밸브이다.

57

유압유의 온도가 상승할 때 나타나는 현상으로 옳은 것은?

① 유압펌프의 효율이 좋아진다.
② 점도가 높아져 누유되기 쉽다.
③ 캐비테이션 현상이 발생한다.
④ 열화를 촉진한다.

출제영역 장비구조

유압유의 온도 상승 시 유압펌프의 효율은 저하되고, 점도가 낮아져 누유되기 쉽고, 열화를 촉진한다.

58

유압장치의 수명을 연장하기 위해 가장 중요하게 점검 및 교환이 이루어져야 하는 것은?

① 오일 쿨러
② 오일 탱크
③ 오일 펌프
④ 오일 필터

출제영역 장비구조

유압장치의 수명 연장을 위한 가장 중요한 요소는 오일 필터의 점검 및 교환이다.

59

작동유에 수분이 혼입될 때 일어나는 현상이 아닌 것은?

① 공동 현상
② 유압기기의 마모 촉진
③ 작동유의 열화 촉진
④ 작동유의 과열

출제영역 장비구조

작동유의 과열은 수분 혼입이나 그로 인한 공동 현상과 관계가 없다.

60

다음 중 가변용량형 유압펌프를 나타내는 유압기호는?

①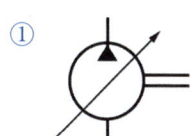

②

③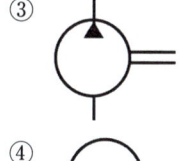

④
M

출제영역 장비구조

② 체크 밸브, ③ 정용량형 유압펌프, ④ 전동기

제5회 CBT 기출복원문제

01 ⭐⭐

작업복에 대한 설명으로 적합하지 않은 것은?

① 기름기가 많이 묻은 옷을 입으면 안 된다.
② 주머니가 너무 많지 않고, 소매가 단정한 것이 좋다.
③ 대체로 면직 또는 합성섬유의 혼방품보다는 모직이 적당하다.
④ 장비의 튀어나온 부분에 걸리지 않도록 잘 맞는 작업복을 착용한다.

> **출제영역** 안전관리
> 작업복 재료의 경우 마찰이 적은 작업에는 모직도 쓰지만, 대체로 면직 또는 합성섬유의 혼방품이 적당하다.

02 ⭐⭐⭐

다음 그림의 안전표지판이 나타내는 것은?

① 사용금지   ② 녹십자표지
③ 응급구호표지   ④ 위험장소경고

> **출제영역** 안전관리
> 산업안전 표지판의 종류 중 안내표지에 해당하며 응급구호표지이다.

03 ⭐⭐

소화기의 종류 중 전기화재 진화 시 가장 적합한 소화기는?

① 포말 소화기
② 물분무 소화기
③ 산 알칼리 소화기
④ 이산화탄소 소화기

> **출제영역** 안전관리
> 이산화탄소 소화기는 유류화재, 전기화재 모두 사용 가능하나, 질식작용에 의해 화염을 진화하기 때문에 실내 사용에는 특히 주의를 기울여야 한다.

04 ⭐⭐⭐

작업자가 현장에서 작업안전상 반드시 알아두어야 할 사항으로 옳은 것은?

① 경영관리
② 종업원의 기술수준
③ 종업원의 작업환경
④ 안전규칙 및 수칙

> **출제영역** 안전관리
> 작업자가 현장에서 안전하게 작업을 하기 위해 안전규칙 및 안전수칙을 꼭 알아두어야 한다.

05 ★★★

가연성 액체, 유류 등의 연소 후 재가 거의 없는 화재인 것은?

① A급 화재
② **B급 화재**
③ C급 화재
④ D급 화재

> **출제영역** 안전관리
>
> A급 화재는 일반화재(고체연료의 화재)로 연소 후 재를 남긴다. B급 화재는 휘발유, 벤젠 등의 유류(기름)화재이고 연소 후 재가 거의 없다. C급 화재는 전기화재, D급 화재는 금속화재이다.

06 ★★

배터리 전해액처럼 강산, 알칼리 등의 액체를 취급할 때 가장 적합한 복장은?

① 면장갑 착용
② **고무로 만든 옷**
③ 나일론으로 만든 옷
④ 면직으로 만든 옷

> **출제영역** 안전관리
>
> 배터리 전해액처럼 강산, 알칼리 등의 액체를 취급하는 경우에는 고무로 만든 작업복을 입는 것이 적합하다.

07 ★★

수공구 이용 시 안전관리와 관련한 설명으로 옳지 않은 것은?

① **사용 후 녹슬지 않도록 반드시 오일을 바른다.**
② 사용하기 편하고 작업하기 좋은 공구를 사용한다.
③ 공구는 설계된 목적 이외의 용도로 사용하지 않는다.
④ 결함이 없는 안전한 공구를 사용하며 미리 이상 유무를 확인한다.

> **출제영역** 안전관리
>
> 사용한 공구는 면걸레로 닦아서 공구상자나 공구를 보관하도록 지정된 곳에 정리해 두어야 한다.

08 ★★

감전재해로 사고가 발생한 경우 대처방법으로 옳지 않은 것은?

① 설비의 전기 공급원 스위치를 내린다.
② 피해자가 소지한 금속성 물질이 전선 등에 접촉되었는지 확인한다.
③ 전원을 끄지 못했을 때는 고무장갑 등을 착용하고 피해자를 구출한다.
④ **피해자 상태가 심한 경우 응급조치를 한 후에 다시 작업에 임하도록 한다.**

> **출제영역** 안전관리
>
> 감전재해로 사고가 발생한 경우 인공호흡 등의 응급조치를 한 후 바로 병원으로 이송하여야 한다.

09 ★★

간단한 정비점검 시 스패너로 작업하는 경우 유의할 사항으로 틀린 것은?

① 너트에 맞는 것을 사용한다.
② 스패너의 자루에 파이프를 이어서 사용해서는 안 된다.
③ **볼트, 너트를 푸는 경우는 밀어서 힘이 작용하도록 한다.**
④ 렌치는 몸 쪽으로 당기면서 볼트, 너트를 풀거나 조인다.

> **출제영역** 안전관리
>
> 스패너로 작업하는 경우 너트에 스패너를 깊이 물리고 조금씩 앞으로 당기는 식으로 풀고 조인다.

10

벨트 취급에 대한 안전사항으로 옳지 않은 것은?

① 벨트에는 기름이 묻지 않도록 한다.
② 벨트에는 적당한 장력을 유지하도록 한다.
③ 벨트 교환은 회전이 완전히 멈춘 상태에서 한다.
④ **벨트의 회전을 정지시킬 때에는 손으로 잡아 정지시킨다.**

> 출제영역 안전관리
> 벨트 회전을 정지시킬 때에는 동력을 차단하고 멈출 때까지 기다려야 하고 손으로 잡아 정지시켜서는 안 된다.

11

시동을 걸 때 점검해야 할 사항으로 맞지 않는 것은?

① **윤활계통의 공기빼기가 잘 되었는지 확인한다.**
② 배터리 충전이 정상적으로 되어 있는지 확인한다.
③ 라디에이터 캡을 열고 냉각수가 채워졌는지 확인한다.
④ 오일레벨게이지로 점검하여 윤활유가 정상적인지 확인한다.

> 출제영역 작업 전 점검
> 공기가 들어갔는지 확인한 후 공기빼기를 해야 하는 것은 연료계통이다.

12

지게차의 체인장력 조정법에 대한 설명이 아닌 것은?

① 좌우체인이 동시에 평행한지 확인한다.
② **조정 후 로크 너트를 풀어놓는다.**
③ 포크를 지상에서 10~15cm 올린 후에 확인한다.
④ 손으로 체인을 눌러보면서 양쪽이 다르면 조정 너트로 조정한다.

> 출제영역 작업 전 점검
> 로크 너트는 지게차의 체인 고정용 너트 풀림을 방지하는 장치이므로 체인 조정 후에 고정시켜야 한다.

13

지게차의 운전을 종료하면서 안전주차하는 방법에 대한 설명으로 옳지 않은 것은?

① 각종 레버는 중립에 둔다.
② 전원 스위치는 차단시킨다.
③ **남은 연료는 모두 제거한다.**
④ 주차브레이크를 잠근다.

> 출제영역 작업 후 점검
> 지게차의 운전을 종료하고 안전주차하기 위해 연료를 모두 빼낼 필요는 없다. 오히려 연료를 완전히 소진시키거나 연료 레벨이 너무 낮게 내려가지 않도록 해야 한다.

14

지게차 작업 시 안전수칙에 대한 설명으로 옳지 않은 것은?

① 주차 시 포크를 완전히 지면에 내려야 한다.
② 경사지를 오르거나 내려올 때는 급회전을 하면 안 된다.
③ 포크를 이용하여 사람을 싣거나 들어 올리지 않아야 한다.
④ **화물을 적재하고 경사지를 내려갈 때 운전 시야 확보를 위해 전진으로 운행한다.**

> 출제영역 화물 적재 및 하역 작업
> 화물을 적재하고 경사지를 내려갈 때 운전 시야 확보를 위해 후진으로 운행해야 한다.

15

운전 중 좁은 장소에서 지게차를 방향 전환해야 하는 경우 가장 조심해야 할 사항으로 옳은 것은?

① 포크 높이를 높게 하여 방향 전환
② 앞바퀴 회전에 주의하여 방향 전환
③ **뒷바퀴 회전에 주의하여 방향 전환**
④ 포크가 지면에 닿을 정도로 내리고 방향 전환

> 출제영역 화물운반작업
>
> 지게차는 뒷바퀴 조향방식을 사용하기 때문에 뒷바퀴 회전에 주의하여 방향 전환해야 한다.

16

포크 절곡 부위에 균열이 의심되는 경우 가장 필요한 검사는?

① 육안검사
② 자기공명검사
③ **형광탐색검사**
④ X-ray 검사

> 출제영역 운전시야확보
>
> 포크는 단조강으로 절곡 부위에 하중을 가장 많이 받기 때문에 육안으로 수시로 점검하여 균열이 의심되면 발생부위에 형광탐색검사(dye panetration)를 시행하여 확인하여야 한다.

17

건설기계조종사면허가 취소되거나 건설기계조종사면허의 효력정지처분을 받은 후에도 건설기계를 계속하여 조종한 자에 대한 벌칙으로 옳은 것은?

① 100만원 이하의 벌금
② 200만원 이하의 벌금
③ 500만원 이하의 벌금
④ **1년 이하의 징역 또는 1천만원 이하의 벌금**

> 출제영역 건설기계관리법 및 도로교통법
>
> 건설기계조종사면허가 취소되거나 건설기계조종사면허의 효력정지처분을 받은 후에도 건설기계를 계속하여 조종한 자는 1년 이하의 징역 또는 1천만원 이하의 벌금에 처한다(건설기계관리법 제41조 제18호).

18

건설기계관리법 시행규칙에 따른 정기적성검사에 대한 설명으로 옳지 않은 것은?

① 정기적성검사는 10년마다 받아야 한다.
② **60세 이상인 경우는 5년마다 정기적성검사를 받아야 한다.**
③ 시장·군수 또는 구청장이 실시하는 정기적성검사를 받아야 한다.
④ 신청 사유가 타당하다고 인정될 때에는 정기적성검사를 한 차례만 연기할 수 있다.

> 출제영역 건설기계관리법 및 도로교통법
>
> 건설기계조종사는 10년마다(65세 이상인 경우는 5년마다) 시장·군수 또는 구청장이 실시하는 정기적성검사를 받아야 한다(건설기계관리법 시행규칙 제81조 제1항).

19

건설기계의 등록이 말소된 경우 등록번호표를 반납해야 하는 기간으로 옳은 것은?

① 3일 이내
② 7일 이내
③ **10일 이내**
④ 30일 이내

> 출제영역 건설기계관리법 및 도로교통법
>
> 등록이 말소된 경우 건설기계의 소유자는 10일 이내에 등록번호표의 봉인을 떼어낸 후 그 등록번호표를 국토교통부령으로 정하는 바에 따라 시·도지사에게 반납하여야 한다(건설기계관리법 제9조).

20 ★★★

건설기계 등록신청 시 첨부해야 하는 서류가 아닌 것은?

① 건설기계검사증
② 건설기계제작증
③ 건설기계제원표
④ 건설기계의 소유자임을 증명하는 서류

출제영역 건설기계관리법 및 도로교통법
건설기계 등록신청 시 건설기계의 출처를 증명하는 서류(건설기계제작증, 수입면장, 매수증서 등), 건설기계의 소유자임을 증명하는 서류, 건설기계제원표, 보험 또는 공제의 가입을 증명하는 서류 등이 필요하다(건설기계관리법 시행령 제3조 제1항 참조).

21 ★★★

건설기계의 범위에 포함되지 않는 것은?

① 골재살포기
② 아스팔트커터
③ 아스팔트살포기
④ 아스팔트믹싱플랜트

출제영역 건설기계관리법 및 도로교통법
아스팔트믹싱플랜트, 아스팔트피니셔, 아스팔트살포기, 골재살포기 등은 건설기계의 범위에 포함된다(건설기계관리법 시행령 별표1 참조).

22 ★★★

건설기계조종사의 안전교육에 대한 설명으로 옳지 않은 것은?

① 건설기계조종사면허를 발급받은 사람은 안전교육을 받아야 한다.
② 국토교통부장관은 전문교육기관을 지정하여 안전교육을 실시하게 할 수 있다.
③ 천재지변 또는 대규모 감염병 등 부득이한 사유로 교육을 시행하거나 이수하기가 곤란한 경우에는 안전교육을 받지 않아도 된다.
④ 건설기계조종사는 건설기계로 인한 인적·물적 피해를 예방하기 위하여 국토교통부장관이 실시하는 안전교육을 받아야 한다.

출제영역 건설기계관리법 및 도로교통법
국토교통부장관은 안전교육 등을 받아야 하는 시기 내에 천재지변 또는 대규모 감염병 등 부득이한 사유로 교육을 시행하거나 이수하기가 곤란하다고 인정하는 경우에는 그 시기를 변경하거나 연장할 수 있다(건설기계관리법 시행규칙 제83조 제4항).

23 ★★★

다음 그림의 교통안전표지가 의미하는 것으로 옳은 것은?

① 최저속도 제한표지
② 최고속도 제한표지
③ 차간거리 최저 50m
④ 차간거리 최고 50m

출제영역 건설기계관리법 및 도로교통법
교통안전표지 중 규제표지이며 최고속도 제한표지이다.

24 ★★★

회전교차로의 통행방법에 대한 설명으로 옳지 않은 것은?

① 모든 차의 운전자는 회전교차로에서는 시계방향으로 통행하여야 한다.
② 모든 차의 운전자는 회전교차로에 진입하려는 경우에는 서행하거나 일시정지해야 한다.
③ 회전교차로에 진입하려는 경우 이미 진행하고 있는 다른 차가 있는 때에는 그 차에 진로를 양보하여야 한다.
④ 회전교차로 통행을 위하여 손으로 신호를 하는 차가 있는 경우 그 뒤차의 운전자는 신호를 한 앞차의 진행을 방해하여서는 아니 된다.

출제영역 건설기계관리법 및 도로교통법
모든 차의 운전자는 회전교차로에서는 반시계방향으로 통행하여야 한다(도로교통법 제25조의2 제1항).

25 ★★★

도로교통법상 술에 취한 상태의 기준으로 옳은 것은?

① 혈중알코올농도 0.01% 이상
② 혈중알코올농도 0.02% 이상
③ 혈중알코올농도 0.03% 이상
④ 혈중알코올농도 0.04% 이상

출제영역 건설기계관리법 및 도로교통법

운전이 금지되는 술에 취한 상태의 기준은 운전자의 혈중알코올농도가 0.03퍼센트 이상인 경우로 한다(도로교통법 제44조 제4항).

26 ★★★

지게차 응급 견인에 대한 설명으로 옳지 않은 것은?

① 견인하는 지게차가 더 커야 한다.
② 단거리 이동을 위한 비상 응급 견인에 해당한다.
③ 장거리 이동의 경우 수송트럭으로 운반해야 한다.
④ 견인되는 지게차의 운전자는 탑승한 채로 이동한다.

출제영역 응급대처

견인되는 지게차는 운전자가 핸들과 제동장치를 조작할 수 없으며 탑승자를 허용해서는 아니 된다.

27 ★★

4행정 사이클 기관에 비해 2행정 사이클 기관이 갖는 장점은?

① 연료소비 효율이 높다.
② 엔진을 소형으로 제작할 수 있다.
③ 실린더 마모가 적다.
④ 저속운전이 원활하다.

출제영역 장비구조

구조가 간단하여 엔진을 소형으로 제작할 수 있다.

28 ★★

엔진오일이 붉은색을 띠고 있을 때의 원인으로 옳은 것은?

① 가솔린이 유입되었다.
② 냉각수가 유입되었다.
③ 불순물이 혼합되었다.
④ 워셔액이 유입되었다.

출제영역 장비구조

가솔린이 유입될 경우 엔진오일이 붉은색을 띤다.

29 ★★★

엔진오일의 온도가 상승하는 원인으로 옳지 않은 것은?

① 오일의 점도가 높다.
② 오일의 양이 부족하다.
③ 오일에 가솔린이 혼입되었다.
④ 오일 냉각기가 불량하다.

출제영역 장비구조

가솔린 혼입은 엔진오일의 온도와 관계 없다.

30 ★★★

디젤 기관에서 연료 라인에 공기가 혼입되었을 때 일어나는 현상으로 가장 적절한 것은?

① 배기가스의 색이 검어진다.
② 엔진 부조 현상이 발생한다.
③ 디젤 노크 현상이 발생한다.
④ 엔진이 과열된다.

출제영역 장비구조

연료 라인에 공기가 혼입되면 엔진 부조 현상이 발생하기 쉽다.

31

엔진의 부하에 따라 연료 분사량을 조절하여 기관의 회전속도를 제어하는 것은?

① 분사노즐 ② 실린더
③ 벤트플러그 ④ **거버너**

> **출제영역** 장비구조
>
> 거버너(조속기)는 기관의 상태에 따라 연료 분사량을 조정하는 장치이다.

32

예열플러그가 오염되는 주요 원인으로 옳지 않은 것은?

① 불완전 연소 ② 노킹
③ 엔진오일 누출 ④ **엔진 과열**

> **출제영역** 장비구조
>
> 예열플러그는 실린더의 온도를 높여 폭발을 도와주는 기구로, 불완전 연소, 노킹, 엔진오일 누출 등 엔진의 문제로 인해 오염될 수 있다.

33

팬벨트의 점검과정으로 적절하지 않은 것은?

① 팬벨트의 장력은 발전기를 움직이면서 조정한다.
② 정지 상태에서 벨트의 중심을 눌러 장력을 점검한다.
③ **팬벨트는 풀리의 밑부분에 접촉되어야 한다.**
④ 발전기 출력 저하를 막으려면 장력을 느슨하지 않게 맞춘다.

> **출제영역** 장비구조
>
> 팬벨트가 풀리 밑부분에 접촉되면 미끄러지므로 닿지 않게 한다.

34

기동 전동기의 회전이 약할 경우의 원인에 해당하지 않는 것은?

① 엔진 내부 피스톤 고착
② 기동 전동기 손상
③ 배터리 출력 저하
④ **연료 압력 저하**

> **출제영역** 장비구조
>
> 연료 압력과 기동 전동기는 관계가 없다.

35

전동기의 종류와 특성에 대한 설명으로 옳은 것은?

① **직권식 전동기는 전기자와 계자코일이 직렬로 연결되어 있다.**
② 분권식 전동기는 직권식 전동기와 복권식 전동기의 특성을 모두 가진다.
③ 복권식 전동기는 전기자와 계자코일이 병렬로 연결되어 있다.
④ 건설기계에는 초기 회전력이 작은 직권식 전동기를 주로 사용한다.

> **출제영역** 장비구조
>
> 직권식 전동기는 전기자와 계자코일이 직렬로 연결되어 있으며 초기 회전력이 크다.

36

납산 축전지의 일반적인 충전 방법은?

① 정전압 충전 ② **정전류 충전**
③ 급속 충전   ④ 절연 충전

> **출제영역** 장비구조
> 정전류 충전과 정전압 충전 중 정전류 충전이 가장 많이 사용된다.

37

발전기가 작동해도 축전지가 충전되지 않는 원인으로 가장 옳은 것은?

① 팬벨트의 장력이 셀 때
② **레귤레이터가 고장일 때**
③ 전해액의 온도가 낮을 때
④ 베어링이 손상되었을 때

> **출제영역** 장비구조
> 레귤레이터가 고장났을 경우 발전기가 전류를 생산해도 축전지에 충전이 되지 않는다.

38

전기장치의 퓨즈가 끊어져서 새것으로 교체했으나 다시 끊어졌다면 어떤 조치를 취해야 하는가?

① 다시 한 번 교체한다.
② 용량이 큰 퓨즈로 갈아 끼운다.
③ **전기장치의 고장난 곳을 찾아 수리한다.**
④ 가는 구리선으로 바꿔 끼운다.

> **출제영역** 장비구조
> 반복적으로 퓨즈가 끊어진다면 전기장치 자체의 문제일 수 있으므로 문제가 되는 곳을 찾아 수리하는 것이 우선이다.

39

기계식 변속기가 설치된 건설기계에서 클러치판의 비틀림 코일 스프링의 역할은?

① 클러치판의 마찰력을 늘린다.
② 클러치에 전달되는 동력을 차단한다.
③ **클러치 작동 시 충격을 흡수한다.**
④ 클러치판을 플라이휠에 압착시킨다.

> **출제영역** 장비구조
> 비틀림 코일 스프링은 클러치판이 회전 중인 플라이휠에 접촉할 때 발생하는 충격을 흡수한다.

40

브레이크 파이프 내에 베이퍼 록이 발생하는 원인으로 적절하지 않은 것은?

① **긴 내리막길에서 장시간 엔진브레이크 사용**
② 드럼과 라이닝의 끌림에 의한 가열
③ 수분이 과다함유된 오일 사용
④ 오일의 변질에 의한 비등점 저하

> **출제영역** 장비구조
> 긴 내리막길 등에서 장시간 브레이크를 사용하면 브레이크 오일이 과열되어 기포를 형성하여 브레이크가 듣지 않는 베이퍼 록 현상이 일어난다. 이를 막기 위해 긴 내리막길을 내려갈 때는 엔진브레이크를 활용하는 것이 좋다.

41

지게차의 마스트를 앞쪽으로 기울이기 위한 방법은?

① 틸트 레버를 뒤로 당긴다.
② **틸트 레버를 앞으로 민다.**
③ 리프트 레버를 뒤로 당긴다.
④ 리프트 레버를 앞으로 민다.

> 출제영역 | 장비구조
> 틸트 레버를 앞으로 밀면 마스트는 앞쪽으로 기울고, 뒤로 당기면 마스트는 뒤쪽으로 기운다.

42

지게차의 리프트 체인에 주입하는 것은?

① 유압유
② 습동면유
③ **엔진오일**
④ 냉각수

> 출제영역 | 장비구조
> 지게차의 리프트 체인에는 엔진오일을 주입한다.

43

지게차의 포크를 천천히 하강하도록 하는 밸브는?

① 틸트록 밸브
② 리프트 밸브
③ **플로우 레귤레이터 밸브**
④ 틸트 밸브

> 출제영역 | 장비구조
> 지게차의 리프트 실린더 작동회로에 사용되는 플로우 레귤레이터 밸브(슬로우 리턴 밸브)는 포크를 천천히 하강하도록 작용한다.

44

지면으로부터 높이가 300mm인 수평상태의 지게차 포크의 윗면에 하중이 가해지지 않은 상태를 무엇이라고 하는가?

① 기준하중의 중심
② 최대하중
③ 최대올림높이
④ **기준 무부하 상태**

> 출제영역 | 장비구조
> 기준 무부하 상태는 지면으로부터 높이가 300mm인 수평상태의 지게차 포크의 윗면에 하중이 가해지지 않은 상태를 말한다.

45

다음 그림에서 지게차의 전장을 나타내는 것은?

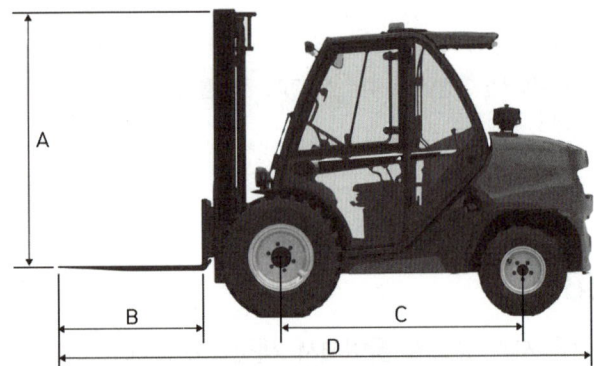

① A
② B
③ C
④ **D**

> 출제영역 | 장비구조
> 전장은 포크의 앞부분 끝에서부터 지게차의 뒷부분 끝까지의 길이를 말한다.

46

3단 마스트에 대한 설명으로 옳지 않은 것은?

① 마스트가 3단으로 확장된다.
② 높은 곳에 물건을 옮길 수 있다.
③ 천장이 낮은 곳에서는 사용할 수 없다.
④ 출입구가 제한되어 있는 장소에서 유용하다.

> 출제영역 장비구조
>
> 3단 마스트는 천장이 낮은 곳에서도 사용할 수 있다.

47

다음에서 설명하고 있는 지게차 유압식 조향장치의 구성 장치는 무엇인가?

> 조향실린더의 직선운동을 축의 중심으로 한 회전운동으로 바꾸어줌과 동시에 타이로드에 직선운동을 시켜주는 장치이다.

① 피트먼 암
② 벨크랭크
③ 드래그링크
④ 브레이크 슈

> 출제영역 장비구조
>
> 지게차의 유압식 조향장치에서 벨크랭크는 조향실린더의 직선운동을 축의 중심으로 한 회전운동으로 바꾸어줌과 동시에 타이로드에 직선운동을 시켜주는 장치이다.

48

지게차의 일반적인 구동방식은 무엇인가?

① 3륜 구동
② 앞바퀴 구동
③ 4륜 구동
④ 뒷바퀴 구동

> 출제영역 장비구조
>
> 지게차는 앞바퀴 구동방식을 사용한다.

49

다음 빈칸에 들어갈 알맞은 숫자는?

> 지게차가 기준부하상태에서 포크를 들어 올렸을 때, 하강작업 또는 유압 계통의 고장에 의한 포크의 하강속도는 초당 (   )m 이하여야 한다.

① 0.3
② 0.4
③ 0.5
④ 0.6

> 출제영역 장비구조
>
> 지게차가 기준부하상태에서 포크를 들어 올렸을 때, 하강작업 또는 유압 계통의 고장에 의한 포크의 하강속도는 초당 0.6m 이하여야 한다.

50

지게차의 조향핸들에서 바퀴까지의 조작력 전달 순서로 옳은 것은?

① 핸들 → 조향기어 → 피트먼 암 → 드래그링크 → 타이로드 → 조향암 → 바퀴
② 핸들 → 피트먼 암 → 조향기어 → 드래그링크 → 조향암 → 타이로드 → 바퀴
③ 핸들 → 드래그링크 → 조향기어 → 피트먼 암 → 조향암 → 타이로드 → 바퀴
④ 핸들 → 타이로드 → 피트먼 암 → 조향기어 → 드래그링크 → 조향암 → 바퀴

> 출제영역 장비구조
>
> 지게차의 조향핸들에서 바퀴까지의 조작력은 '핸들 → 조향기어 → 피트먼 암 → 드래그링크 → 타이로드 → 조향암 → 바퀴' 순서로 전달된다.

51

유압장치의 장점이 아닌 것은?

① 동력 전달이 원활하다.
② 화재 사고 시 위험이 적다.
③ 운동 방향 변경이 쉽다.
④ 원격 조작이 가능하다.

> 출제영역 장비구조
>
> 유압장치의 오일은 가연성이 있어 화재 사고 시 위험성이 높다.

52

기어식 유압펌프에서 소음이 발생하는 원인으로 옳지 않은 것은?

① 오일의 과부족   ② 펌프의 베어링 마모
③ 흡입라인의 막힘 ④ 컨트롤 밸브 노화

> 출제영역 장비구조
>
> 기어식 유압펌프에서 소음이 발생하는 원인은 오일의 과부족, 펌프의 베어링 마모, 흡입라인의 막힘 때문이다.

53

압력제어 밸브에 대한 설명으로 옳지 않은 것은?

① 조정 스프링의 장력이 강할 때 유압은 낮아진다.
② 펌프와 방향전환 밸브 사이에 위치한다.
③ 유압장치의 과부하를 방지하기 위해 최고 압력을 규제한다.
④ 릴리프 밸브, 무부하 밸브, 시퀀스 밸브 등이 있다.

> 출제영역 장비구조
>
> 압력제어 밸브의 조정 스프링 장력이 강할 때 유압은 높아진다.

54

유압펌프가 오일을 토출하지 않을 경우 점검해야 하는 항목이 아닌 것은?

① 흡입관으로부터 공기가 흡입되는지 점검한다.
② 오일탱크에 오일이 규정량으로 들어 있는지 점검한다.
③ 흡입스트레이너가 막혀 있지 않은지 점검한다.
④ 펌프의 회전속도가 너무 빠른지 점검한다.

> 출제영역 장비구조
>
> 유압펌프가 오일을 토출하지 않을 경우에는 오일탱크에 오일이 규정량으로 들어 있는지, 흡입스트레이너가 막혀 있지 않은지, 흡입관으로부터 공기가 흡입되는지를 점검한다.

55

유압실린더의 움직임이 느리거나 불규칙할 때의 원인으로 옳은 것은?

① 유압유의 점도가 너무 낮다.
② 유압이 너무 높다.
③ 회로 내에 공기가 혼입되고 있다.
④ 체크 밸브의 방향이 반대로 설치되어 있다.

> 출제영역 장비구조
>
> 유압유의 점도가 너무 높은 경우, 유압이 너무 낮은 경우, 회로 내에 공기가 혼입되고 있을 경우, 피스톤 링이 마모된 경우에 유압실린더의 움직임이 느리거나 불규칙해질 수 있다.

56 ★★★

유압유의 온도가 상승할 때 나타나는 현상으로 옳지 않은 것은?

① 밸브류의 기능 저하
② 오일 누출의 증가
③ 펌프 효율 저하
④ **점도 상승**

> 출제영역 장비구조
>
> 유압유의 온도가 상승하면 점도가 저하되고 펌프 효율 및 밸브류의 기능이 저하되며 오일 누출이 증가한다.

57 ★★

유압 오일탱크의 기능으로 옳지 않은 것은?

① **계통 내의 필요한 압력 설정**
② 격판에 의한 기포 분리 및 제거
③ 스트레이너 설치로 회로 내 불순물 혼입 방지
④ 계통 내의 필요한 유량 확보

> 출제영역 장비구조
>
> 계통 내의 필요한 압력 설정은 오일탱크의 기능이 아니다.

58 ★★★

유압이 발생되지 않을 때 점검해야 할 내용으로 옳지 않은 것은?

① 오일파이프, 호스의 파손 점검
② 오일양이 부족한지 점검
③ 오일 개스킷의 파손 여부 점검
④ **유압실린더의 피스톤 마모 점검**

> 출제영역 장비구조
>
> 유압실린더의 피스톤 마모 점검은 유압이 발생되지 않을 때 점검해야 할 사항이 아니다.

59 ★★★

유압모터에 대한 설명으로 옳은 것은?

① 펌프의 최고 토출압력, 평균효율이 가장 높아 고압 대출력에 사용하는 것은 베인 모터이다.
② 피스톤 모터는 구조가 간단하고 가격이 저렴하다.
③ 오일 토출량이 과다할 때 유압모터의 회전속도가 규정 속도보다 느리다.
④ **작동유 속에 공기가 혼입되었을 때, 유압모터에서 소음과 진동이 발생할 수 있다.**

> 출제영역 장비구조
>
> ① 펌프의 최고 토출압력, 평균효율이 가장 높아 고압 대출력에 사용하는 것은 피스톤 모터이다.
> ② 기어 모터는 구조가 간단하고 가격이 저렴하다.
> ③ 오일 토출량이 과다할 때 유압모터의 회전속도는 빠르다.

60 ★★★

유압회로에서 유량제어를 통하여 작업속도를 조절하는 방식에 속하지 않는 것은?

① 미터 인(meter in) 방식
② 미터 아웃(meter out) 방식
③ **블리드 온(bleed on) 방식**
④ 블리드 오프(bleed off) 방식

> 출제영역 장비구조
>
> 속도 제어 회로에는 미터 인 회로, 미터 아웃 회로, 블리드 오프 회로가 있다.

제6회 CBT 기출복원문제

★★ 01

안전 관리상 문제가 발생할 수 있는 경우는?

① 연소하기 쉬운 물질은 특별히 주의한다.
② 흡연 장소로 정해진 장소에서 흡연한다.
③ 운전 중에도 수시로 청소하거나 손질하여 관리한다.
④ 작업장 내에 안전수칙을 부착하여 사고를 예방한다.

> 출제영역 안전관리
> 기계의 청소나 손질은 운전을 정지시킨 후에 실시하도록 해야 한다.

★★★ 02

스패너 작업방법으로 옳은 것은?

① 파이프를 스패너 자루에 끼워서 사용한다.
② 크기가 맞지 않으면 쐐기를 박아서 사용한다.
③ 스패너 자루에 조합렌치를 연결해서 사용하여도 된다.
④ 너트에 스패너를 깊이 물리고 조금씩 앞으로 당기는 식으로 풀고 조인다.

> 출제영역 안전관리
> 스패너는 너트와 꼭 맞게 사용하고 너트에 스패너를 깊이 물리도록 하여 조금씩 앞으로 당기는 식으로 풀고 조인다.

★★★ 03

작업과 안전보호구가 바르게 연결된 것은?

① 그라인딩 작업 - 보안경 착용
② 10m 높이에서 작업 - 안전화 착용
③ 산소 결핍 장소 - 방진 마스크 착용
④ 아크 용접 - 도수 렌즈 안경 착용

> 출제영역 안전관리
> ② 10m 높이에서 작업 - 안전벨트 착용
> ③ 산소 결핍 장소 - 공기 마스크 착용
> ④ 아크 용접 - 차광용 보안경 착용

★★★ 04

물품 운반 시 주의사항으로 틀린 것은?

① 긴 물건을 쌓는 경우 끝에 표시를 한다.
② 약하고 가벼운 것을 위에, 무거운 것을 밑에 쌓는다.
③ 무거운 물건을 상승시킨 채 오랫동안 방치하지 않는다.
④ 중량물 운반 시 안전을 위해 사람을 승차시켜 물건을 지지하도록 한다.

> 출제영역 안전관리
> 중량물 운반 시 물건을 지지하기 위해 사람을 승차시켜서는 안 된다.

★★ 05

안전장치에 관한 사항으로 틀린 것은?

① 안전장치는 반드시 활용한다.
② 안전장치 점검은 작업 전에 하도록 한다.
③ 안전장치에 문제가 발생되면 즉시 수정한 후 작업한다.
④ 안전장치는 작업상 부득이한 경우 일시 제거해도 무방하다.

> 출제영역 안전관리
> 안전장치는 반드시 활용하여야 하며 일시적으로 제거하거나 함부로 조작해서는 안 된다.

06

조정렌치 사용 시 안전수칙으로 틀린 것은?

① 잡아당기면서 작업한다.
② 볼트 머리나 너트에 꼭 끼워서 작업한다.
③ 고정조에 당기는 힘이 많이 가해지게 한다.
④ 조정렌치 자루에 파이프를 끼워서 작업한다.

> **출제영역** 안전관리
>
> 자루에 파이프를 이어서 작업해서는 안 되며 조정렌치는 고정조가 있는 부분으로 힘이 가해지도록 하여 사용한다.

07

드라이버의 사용법에 대한 설명으로 옳지 않은 것은?

① 날 끝은 평평한 것이어야 한다.
② 전기 작업 시 자루는 금속으로 된 것을 사용한다.
③ 날 끝이 나사 홈의 폭과 깊이에 맞는 것을 사용한다.
④ 작은 공작물이라도 손으로 잡지 말고 바이스에 고정하여 작업한다.

> **출제영역** 안전관리
>
> 드라이버의 자루는 전기 작업 시 감전 예방을 위해 플라스틱 등의 절연물질로 된 것으로 한다.

08

사고로 인한 재해 발생 가능성이 가장 높은 것은?

① 클러치
② 종감속 기어
③ 벨트, 풀리
④ 자동변속기

> **출제영역** 안전관리
>
> 벨트와 풀리는 회전 부위가 노출되어 있으므로 사고 발생 가능성이 상당히 높은 부분이다.

09

가동 중인 엔진에서 화재가 발생한 경우 올바른 대처 방법은?

① 화재 원인을 분석한 후 모래를 뿌린다.
② 포말 소화기를 사용한 후 엔진 시동스위치를 끈다.
③ 엔진 시동스위치를 끄고 ABC 소화기를 사용한다.
④ 엔진을 급가속하여 팬의 강한 바람으로 화재를 진압한다.

> **출제영역** 안전관리
>
> 가동 중인 엔진에서 화재가 발생한 경우 우선 엔진 시동스위치를 끄고 ABC 소화기를 사용하여 화재를 진압한다.

10

다음 산업안전 표지판 중 금지표지인 것은?

①
②
③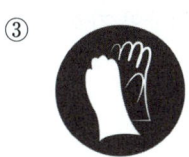
④

> **출제영역** 안전관리
>
> ① 금지표지 : 화기금지
> ② 안내표지 : 녹십자표지
> ③ 지시표지 : 안전장갑착용
> ④ 경고표지 : 인화성물질경고

11

언덕길에서 지게차를 운전하는 경우 짐의 방향으로 옳은 것은?

① 짐의 크기에 따라 방향을 정한다.
② 짐이 언덕 위쪽으로 가도록 한다.
③ 짐이 언덕 아래쪽으로 가도록 한다.
④ 짐은 운전하기 편리한 방향으로 한다.

> **출제영역** 화물운반작업
> 지게차를 운전하여 급경사의 언덕길을 올라가거나 내려갈 때에는 화물이 언덕길의 위쪽으로 가도록 한다.

12

운전시야를 확보하기 위해 지게차 운행통로 등을 확보하기 위한 방법으로 옳지 않은 것은?

① 지게차 운행통로 선의 폭은 12cm로 한다.
② 지게차 운행통로 선은 흰색 점선으로 표시한다.
③ 지게차 운행통로의 폭은 지게차의 최대폭 이상이어야 한다.
④ 지게차 양 방향의 여유로는 30cm 이상의 간격을 유지한다.

> **출제영역** 운전시야확보
> 지게차 운행통로 선은 황색 실선으로 표시하고, 선의 폭은 12cm로 한다. 지게차 운행통로의 폭은 지게차의 최대폭 이상이어야 하고, 양 방향의 여유로는 30cm 이상의 간격을 유지한다.

13

퓨즈의 정비와 관련된 설명으로 옳지 않은 것은?

① 퓨즈는 표면이 산화되면 끊어지기 쉽다.
② 항상 암페어 정격이 맞는 퓨즈로 교체한다.
③ 퓨즈는 철사나 다른 용품으로 대용하여도 된다.
④ 교체한 퓨즈의 필라멘트가 끊어질 경우 회로와 계기를 점검한다.

> **출제영역** 작업 후 점검
> 퓨즈는 전기회로에 직렬로 연결시켜 단락 등에 의해 과전류가 흐르는 것을 방지하기 위한 것으로 철사나 다른 용품으로 대용하면 안 된다.

14

화물의 하역작업 시 안전수칙으로 옳지 않은 것은?

① 적재하고 있는 화물의 붕괴, 파손 등의 위험 여부를 확인한다.
② 지게차를 천천히 주행하여 내려놓을 위치를 확인 후 적재할 장소에 화물을 하역한다.
③ 화물을 적재할 장소에 도착하면 안전한 속도로 감속하여 적재할 장소 앞에 정지한다.
④ 마스트를 수평으로 하고 포크를 수직으로 유지하며 하역할 위치보다 약간 높은 위치까지 포크를 상승한다.

> **출제영역** 화물 적재 및 하역 작업
> 마스트를 수직으로 하고 포크를 수평으로 유지하며 하역할 위치보다 약간 높은 위치까지 포크를 상승한다.

15

디젤기관의 출력을 저하시키는 직접적인 원인이 아닌 것은?

① 노킹 발생
② 연료 필터 불량
③ 분사노즐 막힘
④ 점화플러그 불량

> **출제영역** 장비구조
> 디젤 엔진은 압축착화 방식이기 때문에 점화플러그 등의 점화장치가 없다.

16

조향핸들이 무거운 원인으로 거리가 먼 것은?

① 조향기어의 백래시가 클 경우
② 조향기어의 윤활이 부족할 경우
③ 휠 얼라이먼트가 불량일 경우
④ 타이어의 공기압이 부족할 경우

출제영역 작업 전 점검

조향기어의 백래시가 작을 경우 조향핸들이 무거운 원인이 될 수 있으나, 백래시가 클 경우 조향핸들의 유격이 커지고 조향기어가 파손되기 쉽다.

17

지게차 조종석 계기판의 구성요소가 아닌 것은?

① 속도계
② 운행거리 적산계
③ 배터리 충전 경고등
④ 엔진 냉각수 온도계

출제영역 작업 전 점검

도로를 주행하는 건설기계의 경우 주행거리계가 있으나 지게차는 주행거리에 상응하는 시간계인 아워미터(hour meter)를 사용하는데 이는 지게차 엔진의 가동된 총 시간을 의미한다.

18

소형건설기계 조종교육시간이 다른 하나는?

① 3톤 미만의 로더
② 3톤 미만의 굴착기
③ 3톤 미만의 지게차
④ 3톤 미만의 타워크레인

출제영역 건설기계관리법 및 도로교통법

①, ②, ③은 이론교육 6시간, 실습교육 6시간이지만, 3톤 미만의 타워크레인은 이론교육 8시간, 실습교육 12시간이다(건설기계관리법 시행규칙 별표20).

19

건설기계정비업의 범위에서 제외되는 행위가 아닌 것은?

① 배터리·전구의 교환
② 실린더헤드의 탈착정비
③ 에어클리너엘리먼트 및 필터류의 교환
④ 타이어의 점검·정비 및 트랙의 장력 조정

출제영역 건설기계관리법 및 도로교통법

건설기계정비업의 범위에서 제외되는 행위에는 오일의 보충, 에어클리너엘리먼트 및 필터류의 교환, 배터리·전구의 교환, 타이어의 점검·정비 및 트랙의 장력 조정, 창유리의 교환이 있다(건설기계관리법 시행규칙 제1조의3).

20

건설기계조종사면허를 거짓이나 그 밖의 부정한 방법으로 받은 자에 대한 벌칙으로 옳은 것은?

① 100만원 이하의 벌금
② 300만원 이하의 벌금
③ 1년 이하의 징역 또는 1천만원 이하의 벌금
④ 2년 이하의 징역 또는 2천만원 이하의 벌금

출제영역 건설기계관리법 및 도로교통법

건설기계조종사면허를 거짓이나 그 밖의 부정한 방법으로 받은 자는 1년 이하의 징역 또는 1천만원 이하의 벌금에 처한다(건설기계관리법 제41조 제15호).

21 ★★★

건설기계조종사면허의 효력정지 사유가 발생한 경우 그 기간으로 옳은 것은?

① 6개월 이내 ② 1년 이내
③ 2년 이내 ④ 3년 이내

출제영역 건설기계관리법 및 도로교통법

시장·군수 또는 구청장은 국토교통부령으로 정하는 바에 따라 건설기계조종사면허를 취소하거나 1년 이내의 기간을 정하여 건설기계조종사면허의 효력을 정지시킬 수 있다(건설기계관리법 제28조).

22 ★

건설기계조종사면허의 종류 중에서 항타 및 항발기를 조종할 수 있는 것은?

① 천공기 ② 굴착기
③ 불도저 ④ 기중기

출제영역 건설기계관리법 및 도로교통법

건설기계조종사면허의 종류 중 천공기 면허를 가진 경우 트럭적재식을 제외한 타이어식, 무한궤도식 및 굴진식 천공기와 항타 및 항발기의 조종이 가능하다(건설기계관리법 시행규칙 별표21 참조).

23 ★

시·도지사가 수시검사를 명령하려는 때에는 수시검사 신청 기간을 며칠 이내로 정하여 건설기계소유자에게 건설기계 수시검사명령서를 통지해야 하는가?

① 7일 ② 10일
③ 15일 ④ 31일

출제영역 건설기계관리법 및 도로교통법

시·도지사는 수시검사를 명령하려는 때에는 수시검사 명령의 이행을 위한 검사의 신청기간을 31일 이내로 정하여 건설기계소유자에게 건설기계 수시검사명령서를 서면으로 통지해야 한다(건설기계관리법 시행규칙 제30조의2 제1항).

24 ★★★

다음 그림의 교통안전표지가 의미하는 것으로 옳은 것은?

① 차 폭 제한표지
② 차 높이 제한표지
③ 차 중량 제한표지
④ 차 적재량 제한표지

출제영역 건설기계관리법 및 도로교통법

교통안전표지 중 규제표지이며 차 중량 제한표지이다.

25 ★★★

승차 인원, 적재중량 및 적재용량에 관하여 운행상의 안전기준을 넘어서 운행하고자 하는 경우 허가를 받아야 하는 대상은?

① 국토교통부 장관
② 행정안전부 장관
③ 도착지를 관할하는 시·도지사
④ 출발지를 관할하는 경찰서장

출제영역 건설기계관리법 및 도로교통법

출발지를 관할하는 경찰서장의 허가를 받은 경우에는 승차 인원, 적재중량 및 적재용량에 관하여 운행상의 안전기준을 넘어서 운행이 가능하다(도로교통법 제39조 제1항 단서).

26

건널목을 통과하다가 고장으로 차를 운행할 수 없게 된 경우 운전자의 조치사항으로 옳지 않은 것은?

① 즉시 승객을 대피시킨다.
② 차를 즉시 건널목 밖으로 이동시킨다.
③ 현장을 그대로 보존하고 경찰서에 신고한다.
④ 비상신호기 등을 사용하여 철도공무원에게 그 사실을 알린다.

> **출제영역** 건설기계관리법 및 도로교통법
>
> 건널목을 통과하다가 고장 등의 사유로 건널목 안에서 차 또는 노면전차를 운행할 수 없게 된 경우에는 즉시 승객을 대피시키고 비상신호기 등을 사용하거나 그 밖의 방법으로 철도공무원이나 경찰공무원에게 그 사실을 알려야 한다(도로교통법 제24조 제3항).

27

고장 유형별 응급조치와 관련하여 교환조치해야 하는 것은?

① 타이어 과팽창
② 브레이크액 부족
③ 디스크 패드 마모
④ 베이퍼 록, 페이드 현상

> **출제영역** 응급대처
>
> 디스크 패드가 마모되었거나 타이어가 노화된 경우 등은 교환해야 한다.

28

블로바이(Blow by) 현상에 대한 설명으로 옳은 것은?

① 실린더와 피스톤의 간극이 작아서 발생한다.
② 오일이 연소실에 유입되어 오일 소모가 커진다.
③ 연료가 비정상적인 시점에 폭발하여 발생한다.
④ 피스톤의 압축 압력이 저하된다.

> **출제영역** 장비구조
>
> 실린더와 피스톤 사이의 간극이 커져 가스가 새어나오는 현상을 블로바이 현상이라고 하며, 압축 압력이 저하되고 대기오염이 일어난다.

29

엔진의 윤활유 압력이 낮아지는 이유는?

① 오일의 점도가 높다.
② 크랭크축 오일 틈새가 작다.
③ 오일펌프의 마모가 심하다.
④ 윤활유 압력 릴리프 밸브가 닫혀 있다.

> **출제영역** 장비구조
>
> 오일펌프의 마모가 심하면 윤활유가 새어 윤활유 압력이 낮아진다.

30

디젤 기관에서 노크를 방지하는 방법으로 틀린 것은?

① 착화지연시간을 짧게 한다.
② 연소실 내의 공기 와류를 줄인다.
③ 실린더 내의 압축비를 높인다.
④ 세탄가가 높은 원료를 사용한다.

> **출제영역** 장비구조
>
> 흡기 공기에 와류가 발생하면 공기 흡입량이 많아져 노크를 방지할 수 있다.

31 ★★★

납산 축전지의 구성과 용량에 대한 설명으로 옳지 않은 것은?

① 12V용 축전지는 6개의 셀이 직렬연결되어 있다.
② 12V용 납산 축전지의 방전종지 전압은 10.5V이다.
③ 용량은 극판의 크기, 극판의 수, 전해액의 양으로 결정된다.
④ 완전 충전 시 극판이 황산과 반응하여 황산납이 된다.

> **출제영역** 장비구조
> • 완전 방전 시
>   양극판 : 황산납, 전해액 : 물, 음극판 : 황산납
> • 완전 충전 시
>   양극판 : 과산화납, 전해액 : 황산, 음극판 : 납

32 ★★★

머플러(소음기)에 대한 특징으로 옳지 않은 것은?

① 머플러에 손상이 가면 배기음이 커진다.
② 카본이 쌓이면 엔진 과열의 원인이 된다.
③ 배기가스의 압력을 높여서 열효율을 높인다.
④ 피스톤의 운동에 저항을 준다.

> **출제영역** 장비구조
> 머플러는 배기가스의 온도와 압력을 낮춰 준다.

33 ★

다음 중 냉각수로 활용 가능한 것은?

① 수돗물
② 빗물
③ 비눗물
④ 경수

> **출제영역** 장비구조
> 냉각수로는 이물질이 포함되지 않은 연수인 증류수, 수돗물을 사용한다.

34 ★★

대부분의 차량에서 직류 직권식 전동기를 사용하는 이유는?

① 초기 회전력이 크기 때문이다.
② 회전속도가 일정하기 때문이다.
③ 단선이 잘 되지 않기 때문이다.
④ 낮은 전압에서도 잘 작동하기 때문이다.

> **출제영역** 장비구조
> 대부분의 차량에서 초기 회전력이 큰 직류 직권식 전동기가 많이 쓰인다.

35 ★★

전압 조정기의 종류에 해당하지 않는 것은?

① 저항식
② 접점식
③ 카본파일식
④ 트랜지스터식

> **출제영역** 장비구조
> 교류발전기에서 전압 조정기(레귤레이터)의 종류에는 접점식, 카본파일식, 트랜지스터식이 있다.

36

시동장치에서 스타트 릴레이의 역할로 옳지 않은 것은?

① 시동 스위치를 보호한다.
② 엔진 시동을 용이하게 한다.
③ 크랭킹이 원활하게 진행되도록 한다.
④ **축전지의 충전을 용이하게 한다.**

> **출제영역** 장비구조
>
> 기동 전동기에는 전류가 많이 흐르므로 스타트 릴레이를 이용하여 기동 전동기로 많은 전류를 보내 충분한 크랭킹 속도를 유지하고, 엔진 시동을 용이하게 하여 시동 스위치를 보호한다.

37

예연소실식 엔진의 장점으로 옳은 것은?

① **분사 개시 압력이 낮다.**
② 열 손실이 적다.
③ 연료 소비율이 크다.
④ 구조가 간단하다.

> **출제영역** 장비구조
>
> 분사 개시 압력이 낮아 분사노즐의 고장이 적다.

38

지게차의 조향장치에 대한 설명으로 옳지 않은 것은?

① **앞바퀴 조향방식을 주로 사용한다.**
② 지게차의 조향장치는 애커먼 장토식을 사용한다.
③ 조향장치는 조향핸들, 조향기어 박스, 링키지 등으로 구성된다.
④ 최소 회전반경이 작은 것이 유리하다.

> **출제영역** 장비구조
>
> 승용차는 주로 앞바퀴 조향방식을 사용하지만, 지게차는 뒷바퀴 조향방식을 사용한다.

39

수동변속기가 장착된 건설기계장비에서 클러치가 연결된 상태에서 기어변속을 하였을 때 발생할 수 있는 현상으로 옳은 것은?

① 변속 레버가 마모된다.
② 클러치 디스크가 마멸된다.
③ 종감속기어가 손상된다.
④ **기어에서 소리가 난다.**

> **출제영역** 장비구조
>
> 클러치가 연결된 상태에서 기어변속을 하면 기어에서 마찰이 일어나 소리가 나고 기어가 손상될 수 있다.

40

유압식 브레이크에 대한 설명으로 옳은 것은?

① 유압식 브레이크는 뒷바퀴에 제동력을 집중시킨다.
② **마스터 실린더의 리턴 구멍이 막히면 제동이 잘 풀리지 않는다.**
③ 디스크식 브레이크는 드럼식에 비해 방열성이 나쁘다.
④ 체크 밸브는 오일을 양쪽 방향으로 흐르게 한다.

> **출제영역** 장비구조
>
> 브레이크 페달을 밟으면 마스터 실린더를 통해 브레이크 드럼에 유압을 전달하는데, 리턴 구멍이 막히면 브레이크 오일이 돌아오지 못해 제동이 풀리지 않는다.

41 ★★

지게차의 마스트를 기울일 때 갑자기 시동이 정지되면 작업하던 그 상태를 유지시켜 주는 것은 무엇인가?

① **틸트록 밸브**
② 리프트 레버
③ 리프트 체인
④ 틸트 레버

> **출제영역** 장비구조
> 틸트록 밸브는 지게차의 마스트를 기울일 때 갑자기 시동이 정지되면 작업하던 상태를 유지시켜 주는 밸브이다.

42 ★★★

지게차의 포크를 하강시킬 때의 방법으로 옳은 것은?

① 가속 페달을 살짝 밟고 틸트 레버를 뒤로 당긴다.
② 가속 페달을 살짝 밟고 리프트 레버를 뒤로 당긴다.
③ 가속 페달을 밟지 않고 틸트 레버를 앞으로 민다.
④ **가속 페달을 밟지 않고 리프트 레버를 앞으로 민다.**

> **출제영역** 장비구조
> 지게차의 포크를 하강시킬 때에는 가속 페달을 밟지 않고 리프트 레버를 앞으로 민다.

43 ★★★

지게차 마스트 작업 시에 조종레버가 3개 이상일 경우 가장 좌측에 있는 것은?

① 틸트 레버
② **리프트 레버**
③ 변속 레버
④ 부수장치 레버

> **출제영역** 장비구조
> 지게차 마스트 작업 시 조종레버가 3개 이상일 경우 설치 순서는 가장 좌측부터 리프트 레버, 틸트 레버, 부수장치 레버이다.

44 ★★

지게차의 마스트를 포크 쪽으로 최대로 기울였을 때의 경사각은 어느 범위에 속하는가?

① 0~2°
② **5~6°**
③ 10~12°
④ 15~16°

> **출제영역** 장비구조
> 지게차의 마스트를 포크 쪽으로 최대로 기울였을 때의 경사각을 전경각이라고 하며 이때 경사각은 5~6°의 범위에 있다.

45 ★★★

토크 컨버터형 지게차의 동력전달순서를 바르게 나열한 것은?

① 엔진 → 변속기 → 종감속기어 및 차동장치 → 토크 컨버터 → 앞구동축 → 차륜 → 최종 감속기
② **엔진 → 토크 컨버터 → 변속기 → 종감속기어 및 차동장치 → 앞구동축 → 최종 감속기 → 차륜**
③ 엔진 → 변속기 → 토크 컨버터 → 종감속기어 및 차동장치 → 최종 감속기 → 앞구동축 → 차륜
④ 엔진 → 종감속기어 및 차동장치 → 변속기 → 토크 컨버터 → 차륜 → 앞구동축 → 최종 감속기

> **출제영역** 장비구조
> 토크 컨버터형 지게차는 '엔진 → 토크 컨버터 → 변속기 → 종감속기어 및 차동장치 → 앞구동축 → 최종 감속기 → 차륜'의 순서로 동력이 전달된다.

46

지게차 포크의 수직면에서부터 포크 위에 올린 화물의 무게중심까지의 거리는?

① 하중중심　　② 축간거리
③ 전고　　　　④ 윤거

출제영역 장비구조

지게차 포크의 수직면으로부터 포크 위에 올린 화물의 무게중심까지의 거리는 하중중심이다.

47

지게차 주행 시 포크의 높이는 지면으로부터 몇 cm이어야 하는가?

① 0~5cm　　　② 20~30cm
③ 50~70cm　　④ 90~100cm

출제영역 장비구조

지게차 주행 시 포크는 지면으로부터 20~30cm로 높인다.

48

지게차의 앞바퀴가 설치되는 위치는?

① 등속이음에 설치된다.
② 직접 프레임에 설치된다.
③ 피트먼 암에 설치된다.
④ 로터에 설치된다.

출제영역 장비구조

지게차의 앞바퀴는 직접 프레임에 설치된다.

49

지게차를 작업용도에 따라 분류할 때, 다음에서 설명하고 있는 장치는 무엇인가?

> 원추형 화물을 조이거나 회전시켜 운반 또는 적재하는 데 적합하다.

① 힌지드 버킷
② 스키드 포크
③ 로테이팅 클램프
④ 로드 스태빌라이저

출제영역 장비구조

로테이팅 클램프는 원추형 화물을 조이거나 회전시켜 운반 또는 적재하는 데 적합하다.

50

다음 지게차에 대한 설명 중 옳지 않은 것은?

① 클러치형 지게차의 동력은 변속기보다 앞구동축에 먼저 전달된다.
② 지게차 조향장치는 애커먼 장토식 원리이다.
③ 지게차의 토인조정은 타이로드로 한다.
④ 지게차 조향장치의 유압실린더는 복동식 양로드형이 사용된다.

출제영역 장비구조

클러치형 지게차는 '엔진 → 클러치 → 변속기 → 종감속기어 및 차동장치 → 앞구동축 → 차륜'의 순서로 동력이 전달된다.

51 ★★

유압장치의 구성요소가 아닌 것은?

① 컨트롤 밸브 ② 오일 탱크
③ 축전지 ④ 유압펌프

> 출제영역 | 장비구조
> 축전지는 전기장치의 구성요소이다.

52 ★★★

유압펌프에 대한 설명으로 옳은 것은?

① 유압에너지를 기계적 에너지로 변환한다.
② 주어진 압력과 그때의 토출량으로 용량을 표시한다.
③ 유압회로 내의 압력을 측정하는 기구이다.
④ 어큐뮬레이터와 동일한 기능을 한다.

> 출제영역 | 장비구조
> 유압펌프의 용량은 주어진 압력과 토출량에 의해 결정된다. 유압펌프는 기계적 에너지를 유압에너지로 변환한다.

53 ★★

플런저 펌프의 장점으로 옳은 것은?

① 고압에 잘 견딘다.
② 구조가 간단하다.
③ 가격이 싸다.
④ 토출량 변화 범위가 작다.

> 출제영역 | 장비구조
> 플런저 펌프는 고압에 잘 견디고, 토출량 변화 범위가 크다는 장점이 있지만 구조가 복잡하고 가격이 비싸다는 단점을 갖고 있다.

54 ★★★

유량제어 밸브에 대한 설명으로 틀린 것은?

① 내경이 작은 파이프에서 미세한 유량을 조정하는 밸브는 니들 밸브이다.
② 회로 내 유량을 조절하여 속도를 제어한다.
③ 오일이 통과하는 관로를 줄여 오일의 양을 조절하는 밸브는 스로틀 밸브이다.
④ 유압장치 밸브의 부품 세척은 등유를 사용한다.

> 출제영역 | 장비구조
> 유압장치 밸브의 부품 세척은 경유를 사용한다.

55 ★★★

유압장치의 배관에 대한 설명으로 옳지 않은 것은?

① 유압호스 중 가장 큰 압력에 견딜 수 있는 것은 이중 와이어 브레이드이다.
② 호이스트형 유압호스 연결부에 가장 많이 사용하는 것은 유니온 조인트이다.
③ 배관 이음은 조립 후 진동, 충격으로 인한 오일 누출에 주의해야 한다.
④ 배관은 펌프, 밸브, 실린더를 연결하여 동력을 전달하는 역할을 한다.

> 출제영역 | 장비구조
> 유압호스 중 가장 큰 압력에 견딜 수 있는 것은 나선 와이어 브레이드이다.

56

유압실린더의 구성부품이 아닌 것은?

① 피스톤 ② 실린더
③ 쿠션기구 ④ **스트레이너**

> **출제영역** 장비구조
>
> 유압실린더의 구성부품은 피스톤, 피스톤 로드, 실린더, 오일 실, 쿠션기구 등이다.

57

플러싱 후의 처리 작업으로 옳은 것은?

① 작동유 탱크 내부는 다시 청소하지 않는다.
② 잔류 플러싱 오일은 모두 제거하지 않아도 된다.
③ **라인필터 엘리먼트를 교환한다.**
④ 작동유 보충은 24시간 경과 후에 하는 것이 좋다.

> **출제영역** 장비구조
>
> 플러싱 후 라인필터 엘리먼트를 교환한다.

58

유압유의 점도가 높을 때의 특징은?

① 침전물이 생기기 쉽다.
② 오일의 온도가 낮아진다.
③ 오일이 누출되기 쉽다.
④ **동력 손실이 증가한다.**

> **출제영역** 장비구조
>
> 유압유의 점도가 높으면 마찰이 커져 동력 손실이 증가한다.

59

유압유 속에 기포가 발생하여 소음과 진동이 발생하는 현상은?

① **캐비테이션 현상** ② 블로바이 현상
③ 노킹 현상 ④ 베르누이 현상

> **출제영역** 장비구조
>
> 유압유의 점도나 압력변화 등의 요인으로 유체 내에 기포가 생기는 현상을 캐비테이션 현상 또는 공동 현상이라고 한다.

60

다음 중 복동 실린더 양로드형을 나타내는 유압기호는?

①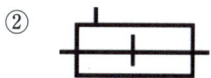

②

③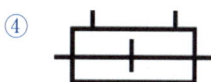

④

> **출제영역** 장비구조
>
> ① 어큐뮬레이터, ② 단동 실린더 양로드형, ③ 단동 솔레노이드

제7회 CBT 기출복원문제

01 ★★
작업자가 작업을 할 때 반드시 알아두어야 할 사항이 아닌 것은?

① 안전수칙
② 작업량
③ 장비의 가격
④ 기계기구의 사용법

> 출제영역 안전관리
> 작업자가 작업을 할 때 반드시 알아두어야 할 사항에는 안전수칙, 작업량, 기계기구의 사용법 등이 있다.

02 ★★★
작업 시 장갑을 착용하고 작업을 해야 하는 것은?

① 연삭 작업
② 해머 작업
③ 정밀기계 작업
④ 타이어 교환 작업

> 출제영역 안전관리
> 작업 시 장갑을 착용하지 않고 해야 하는 작업에는 연삭 작업, 해머 작업, 정밀기계 작업, 드릴 작업 등이 있다.

03 ★★
스패너(spanner)의 올바른 사용법이 아닌 것은?

① 너트와 꼭 맞게 사용한다.
② 몸 쪽으로 당길 때 힘이 걸리도록 한다.
③ 공구핸들에 묻은 기름은 잘 닦아서 사용한다.
④ 볼트, 너트를 푸는 경우는 밀어서 힘이 작용하도록 한다.

> 출제영역 안전관리
> 너트에 스패너를 깊이 물리고 조금씩 앞으로 당기는 식으로 풀고 조인다.

04 ★★
인력으로 운반작업을 하는 경우에 대한 설명으로 틀린 것은?

① LPG 봄베는 굴려서 운반한다.
② 긴 물건은 앞쪽을 위로 올린다.
③ 공동 작업은 서로 돕고 협조한다.
④ 무리한 작업은 사고를 유발할 수 있다.

> 출제영역 안전관리
> LPG 봄베를 굴려서 운반하는 것은 위험하다.

05 ★★★
안전장치를 선정하는 경우 고려해야 할 사항이 아닌 것은?

① 작업 시 불편하지 않는 구조일 것
② 안전장치 기능 제거가 쉽고 편할 것
③ 강도나 기능 면에서 신뢰할 수 있을 것
④ 위험한 부분에는 안전 방호 장치가 잘 되어 있을 것

> 출제영역 안전관리
> 안전장치 기능은 제거가 용이하지 않아야 한다.

06

다음 산업안전 표지판이 나타내는 것은?

① 사용금지   ② 화기금지
③ 차량통행금지   ④ 물체이동금지

> 출제영역 | 안전관리
> 산업안전 표지판의 종류 중 금지표지에 해당하며 물체이동금지표지이다.

07

금속나트륨이나 금속칼륨 화재의 소화재로서 가장 적합한 것은?

① 물   ② 건조사
③ 분말 소화기   ④ 할론 소화기

> 출제영역 | 안전관리
> 금속화재는 물에 의한 소화는 금지되며 건조사(마른모래) 등을 뿌리는 것이 진화에 효과적이다.

08

렌치의 종류 중에서 연료 파이프의 피팅을 풀고 조일 때 사용하는 것은?

① 소켓렌치   ② 복스렌치
③ 토크렌치   ④ 오픈엔드렌치

> 출제영역 | 안전관리
> 연료 파이프의 피팅을 풀고 조일 때 사용하는 것은 오픈엔드렌치이다.

09

지게차의 안전한 작업을 위한 주의사항으로 틀린 것은?

① 경사 길에서 내려올 때는 후진으로 진행한다.
② 후사경은 시야를 가리지 않는 작은 것을 선택한다.
③ 틸트는 적재물이 백레스트에 완전히 닿도록 한 후 운행한다.
④ 주행 중 노면상태에 주의하고 노면이 고르지 않은 곳에서는 천천히 운행한다.

> 출제영역 | 안전관리
> 지게차의 후사경은 후면의 작업자나 물체를 인지하기 위한 것이므로 대형 후사경이 좋다.

10

가스 용접 시 지켜야 할 안전사항으로 옳지 않은 것은?

① 용접 가스를 들이마시지 않도록 한다.
② 산소 및 아세틸렌 가스 누설 시험에는 비눗물을 사용한다.
③ 토치 끝으로 용접물의 위치를 바꾸거나 재를 제거하면 안 된다.
④ 산소 아세틸렌 용접에서는 산소 밸브를 먼저 열고 다음에 아세틸렌 밸브를 연다.

> 출제영역 | 안전관리
> 산소 아세틸렌 용접에서는 아세틸렌 밸브를 먼저 열고 다음에 산소 밸브를 연다.

11

지게차의 화물 운반 작업 중 가장 적당한 것은?

① 샤퍼를 뒤로 6° 정도 경사시켜서 운반한다.
② 댐퍼를 뒤로 13° 정도 경사시켜서 운반한다.
③ **마스트를 뒤로 4° 정도 경사시켜서 운반한다.**
④ 바이브레이터를 뒤로 8° 정도 경사시켜서 운반한다.

> **출제영역** 화물운반작업
> 지게차에 화물을 적재하고 주행하는 경우 마스트를 뒤로 4~6° 정도 경사시켜서 운반한다.

12

축전지를 충전기로 충전하는 경우 정전류 충전범위가 틀린 것은?

① 최소 충전전류 : 축전지 용량의 5%
② 표준 충전전류 : 축전지 용량의 10%
③ **최대 충전전류 : 축전지 용량의 15%**
④ 최대 충전전류 : 축전지 용량의 20%

> **출제영역** 작업 전 점검
> 정전류 충전법은 완충될 때까지 일정한 전류로 충전하는 방법으로 표준 전류는 용량의 10%, 최소 충전전류는 용량의 5%, 최대 충전전류는 용량의 20%이다.

13

기관오일을 교환할 때 주의 사항으로 옳지 않은 것은?

① 오일 교환 시기를 맞춘다.
② 기관에 알맞은 오일을 선택한다.
③ 주유할 때 사용지침서 및 주유표에 의한다.
④ **재생오일(사용하다가 빼낸 오일)을 사용해도 무방하다.**

> **출제영역** 작업 후 점검
> 기관오일은 마찰 감소 및 마멸 방지작용, 기밀(밀봉)작용, 냉각작용, 청정(세척)작용, 응력 분산작용, 방청 작용 등을 하므로 재생오일(사용하다가 빼낸 오일)은 사용하지 않는다.

14

화물을 적재 시 주의할 사항으로 옳지 않은 것은?

① 화물 적재 시 운전 시야를 확보한다.
② 화물 적재 시 편하중 상태로 화물을 적재하지 않는다.
③ **화물 적재 후 후륜이 뜬 상태가 되게 적재하도록 한다.**
④ 화물 적재 시 불안정한 상태로 화물을 적재하지 않는다.

> **출제영역** 화물 적재 및 하역 작업
> 화물 적재 시 적재중량을 준수하여 적재해야 하며 화물 적재 후 후륜이 뜬 상태가 되지 않도록 적재한다.

15

엔진 과열의 원인에 해당하는 것을 모두 고른 것은?

> ㄱ. 팬벨트 장력이 부족한 경우
> ㄴ. 라디에이터 코어가 막힌 경우
> ㄷ. 수온조절기가 닫힌 채 고장난 경우
> ㄹ. 누수로 인해 냉각수가 부족한 경우

① ㄱ, ㄴ
② ㄴ, ㄹ
③ ㄱ, ㄷ, ㄹ
④ **ㄱ, ㄴ, ㄷ, ㄹ**

> **출제영역** 작업 전 점검
> 팬벨트 장력이 부족한 경우, 라디에이터 코어가 막힌 경우, 수온조절기가 닫힌 채 고장난 경우, 누수로 인해 냉각수가 부족한 경우 등에 엔진 과열이 발생한다.

16 ★★

지게차에 적재된 화물이 커서 시계를 방해하는 경우 대처법으로 옳지 않은 것은?

① 후진으로 주행한다.
② 경적을 울리면서 서행한다.
③ 유도자를 붙여 차를 유도한다.
④ **적재물을 높이 들고 주행한다.**

> **출제영역** 화물운반작업
> 화물이 시야를 가릴 때는 후진하여 주행하거나 유도자를 배치하며, 필요시 경적을 울리면서 서행한다.

17 ★★★

건설기계관리법 시행령에 따르면 건설기계등록신청은 건설기계를 취득한 날로부터 어느 정도의 기간 이내에 해야 하는가?

① 7일
② 15일
③ **2월**
④ 3월

> **출제영역** 건설기계관리법 및 도로교통법
> 건설기계등록신청은 건설기계를 취득한 날(판매를 목적으로 수입된 건설기계의 경우에는 판매한 날을 말한다)부터 2월 이내에 하여야 한다(건설기계관리법 시행령 제3조 제2항).

18 ★★

등록건설기계의 기종별 표시방법으로 옳은 것은?

① 01 : 지게차
② **02 : 굴착기**
③ 03 : 기중기
④ 04 : 불도저

> **출제영역** 건설기계관리법 및 도로교통법
> 건설기계 기종별 기호표시에서 01은 불도저, 02는 굴착기, 03은 로더, 04는 지게차이다(건설기계관리법 시행규칙 별표2 참조).

19 ★★★

건설기계의 제동장치에 대한 정기검사를 면제받고자 하는 경우 첨부해야 하는 서류로 옳은 것은?

① 건설기계제작증
② 건설기계대여업 신고서
③ 건설기계정비업등록신청서
④ **건설기계제동장치정비확인서**

> **출제영역** 건설기계관리법 및 도로교통법
> 건설기계의 제동장치에 대한 정기검사를 면제받으려는 자는 정기검사의 신청 시에 해당 건설기계정비업자가 발행한 건설기계제동장치정비확인서를 시·도지사 또는 검사대행자에게 제출해야 한다(건설기계관리법 시행규칙 제32조의2 제2항).

20 ★★★

건설기계사업을 하려는 자가 등록을 하여야 하는 대상으로 옳은 것은?

① 국토교통부장관
② 건설기계조종사
③ 건설기계매매업자
④ **시장·군수·구청장**

> **출제영역** 건설기계관리법 및 도로교통법
> 건설기계사업을 하려는 자(지방자치단체는 제외한다)는 대통령령으로 정하는 바에 따라 사업의 종류별로 특별자치시장·특별자치도지사·시장·군수 또는 자치구의 구청장(이하 "시장·군수·구청장"이라 한다)에게 등록하여야 한다(건설기계관리법 제21조 제1항).

21 ⭐⭐

건설기계관리법 시행규칙에 따르면 제작자로부터 건설기계를 구입한 자가 별도로 계약하지 않는 경우 무상으로 사후관리를 받을 수 있는 법정기간으로 옳은 것은?

① 3개월
② 12개월
③ 24개월
④ 48개월

> **출제영역** 건설기계관리법 및 도로교통법
>
> 건설기계형식에 관한 승인을 얻거나 그 형식을 신고한 자(이하 "제작자등"이라 한다)는 건설기계를 판매한 날부터 12개월(당사자간에 12개월을 초과하여 별도 계약하는 경우에는 그 해당 기간) 동안 무상으로 건설기계의 정비 및 정비에 필요한 부품을 공급하여야 한다 (건설기계관리법 시행규칙 제55조 제1항).

22 ⭐⭐⭐

건설기계관리법상 등록이 말소된 건설기계를 사용하거나 운행한 자에 대한 벌칙으로 옳은 것은?

① 2년 이하의 징역 또는 2천만원 이하의 벌금
② 2년 이하의 징역 또는 5백만원 이하의 벌금
③ 1년 이하의 징역 또는 1천만원 이하의 벌금
④ 1년 이하의 징역 또는 3백만원 이하의 벌금

> **출제영역** 건설기계관리법 및 도로교통법
>
> 등록이 말소된 건설기계를 사용하거나 운행한 자는 2년 이하의 징역 또는 2천만원 이하의 벌금에 처한다(건설기계관리법 제40조 제2호).

23 ⭐⭐⭐

다음 그림의 교통안전표지가 의미하는 것으로 옳은 것은?

① 좌합류도로
② 우로굽은도로
③ 좌우로이중굽은도로
④ 우좌로이중굽은도로

> **출제영역** 건설기계관리법 및 도로교통법
>
> 교통안전표지 중 주의표지이며 우좌로이중굽은도로를 의미한다.

24 ⭐⭐⭐

도로교통법상 정차 및 주차의 금지장소가 아닌 것은?

① 건널목의 가장자리
② 교차로의 가장자리
③ 경찰청장이 지정한 어린이 보호구역
④ 도로의 모퉁이로부터 5미터 이내인 곳

> **출제영역** 건설기계관리법 및 도로교통법
>
> 시장 등이 지정한 어린이 보호구역이 정차 및 주차의 금지장소에 해당한다(도로교통법 제32조 제8호).

★★★
25

최고속도의 100분의 50을 줄인 속도로 운행하여야 하는 경우가 아닌 것은?

① 노면이 얼어 붙은 경우
② 비가 내려 노면이 젖어있는 경우
③ 눈이 20밀리미터 이상 쌓인 경우
④ 폭우·폭설·안개 등으로 가시거리가 100미터 이내인 경우

> 출제영역 건설기계관리법 및 도로교통법
> 비가 내려 노면이 젖어있는 경우는 최고속도의 100분의 20을 줄인 속도로 운행하여야 하는 경우에 해당한다(도로교통법 시행규칙 제19조 제2항 제1호 가목).

★★★
26

지게차가 전복될 경우 생존 방법에 대한 설명으로 옳지 않은 것은?

① 핸들을 꽉 잡는다.
② 항상 운전자 안전장치를 사용한다.
③ 머리와 몸을 뒤쪽으로 힘껏 젖힌다.
④ 상체를 전복되는 반대 방향으로 기울인다.

> 출제영역 응급대처
> 지게차가 전복될 경우에 운전자는 머리와 몸을 앞쪽으로 기울여야 한다.

★★
27

디젤기관에서 압축행정 시 밸브의 상태는?

① 흡입밸브와 배기밸브가 모두 열린다.
② 흡입밸브와 배기밸브가 모두 닫힌다.
③ 흡입밸브는 열리고 배기밸브는 닫힌다.
④ 흡입밸브는 닫히고 배기밸브는 열린다.

> 출제영역 장비구조
> 압축행정 시 흡입밸브와 배기밸브가 모두 닫히고 피스톤이 올라와 공기가 압축된다.

★★★
28

기관에 사용되는 오일 여과에 대한 설명으로 틀린 것은?

① 계절에 따라 점도가 다른 오일을 혼합하여 사용한다.
② 오일 여과기의 엘리먼트 청소는 세척하여 사용한다.
③ 마찰에 의해 발생한 불순물을 여과한다.
④ 여과기가 막힐 경우 유압이 높아진다.

> 출제영역 장비구조
> 점도가 다른 오일이나 제작사가 다른 오일을 혼합하여 사용하면 안 된다.

★★★
29

디젤 기관에서 노킹이 발생하는 원인으로 옳은 것은?

① 기관의 온도가 낮다.
② 연료의 세탄가가 높다.
③ 착화기간 중 연료의 분사량이 적다.
④ 연료 분사 압력이 높다.

> 출제영역 장비구조
> 기관의 온도가 낮으면 착화가 지연되어 노킹이 발생할 수 있다.

30 ★

디젤 엔진에서 연료를 압축하여 노즐로 압송시키는 장치는?

① 분사펌프 ② 프라이밍 펌프
③ 연료 여과기 ④ 오버플로우 밸브

> 출제영역 장비구조
> 분사펌프에 대한 설명이다.

31 ★★★

기관의 배기가스 색이 검은색일 경우 점검해야 하는 것은?

① 피스톤링의 마모 ② 공기청정기 막힘
③ 분사노즐 이상 ④ 냉각수 부족

> 출제영역 장비구조
> 공기청정기가 막히면 흡입 공기량이 적어져 검은 배기가스가 배출된다.

32 ★★

라디에이터 캡을 열었을 때 기름이 떠 있는 경우의 원인으로 옳은 것은?

① 헤드 개스킷이 파손되었다.
② 수냉식 오일 쿨러가 파손되었다.
③ 점화 플러그가 파손되었다.
④ 라디에이터 캡 스프링이 파손되었다.

> 출제영역 장비구조
> 헤드 개스킷이 파손되거나 헤드 볼트가 풀리면 라디에이터에 기름이 유입될 수 있다.

33 ★★

부동액의 구비조건으로 옳지 않은 것은?

① 순환성이 좋을 것 ② 부식성이 없을 것
③ 휘발성이 좋을 것 ④ 물과 쉽게 혼합될 것

> 출제영역 장비구조
> 부동액은 쉽게 휘발하지 않는 것이 좋다.

34 ★★★

지게차 시동 시 전동기가 작동하지 않을 때 점검해야 할 사항이 아닌 것은?

① 배선의 단선 여부 확인
② 배터리 충전 상태 확인
③ ST 회로 연결 상태 확인
④ 벤트 플러그 상태 확인

> 출제영역 장비구조
> 벤트 플러그는 전동기의 작동과 관계가 없다.

35 ★

용량이 같은 축전지 2개를 직렬로 접속하면 어떻게 되는가?

① 전압이 2배가 된다.
② 전압이 절반이 된다.
③ 전류가 2배가 된다.
④ 전류가 절반이 된다.

> 출제영역 장비구조
> 축전지 2개를 직렬로 접속하면 전압은 2배가 되며 전류는 변화하지 않는다.

36 ★★

납산 축전지가 과충전될 경우 발생하는 현상이 아닌 것은?

① 기관을 회전시킬 때 전해액이 넘친다.
② **양극 단자 쪽의 셀 커버가 쪼그라든다.**
③ 전해액이 줄어드는 속도가 빨라진다.
④ 전해액의 색이 갈색으로 변한다.

> 출제영역 장비구조
> 양극 단자 쪽의 셀 커버가 부풀어오른다.

37 ★★★

방향지시등을 작동시켰을 때 한쪽은 정상 작동하고 다른 한쪽은 빠르게 점멸하는 경우 예상되는 고장 원인이 아닌 것은?

① 접지가 불량하다.
② 전구 중 하나가 단선되었다.
③ **콤비네이션 스위치에 고장이 있다.**
④ 좌우 전구의 용량이 서로 다르다.

> 출제영역 장비구조
> 콤비네이션 스위치는 방향지시등의 점멸속도와는 관계가 없다.

38 ★★★

유압식 조향장치 조작 시 핸들이 무거워 조작하기 힘들 때의 원인으로 적절하지 않은 것은?

① 타이어의 공기압이 낮다.
② 유압계통 내에 공기가 유입되었다.
③ 조향펌프에 오일이 부족하다.
④ **유압이 높다.**

> 출제영역 장비구조
> 유압이 낮을 경우 핸들 조작이 무거워진다.

39 ★★★

토크 컨버터에 대한 설명으로 옳지 않은 것은?

① 유압을 이용하여 동력을 전달한다.
② **스테이터는 오일의 방향을 유지하며 회전력을 증폭시킨다.**
③ 토크 컨버터의 최대 회전력의 값을 토크 변환비라 한다.
④ 펌프, 터빈, 스테이터로 구성된다.

> 출제영역 장비구조
> 스테이터는 오일의 방향을 바꾸어 터빈에서 펌프로 유압을 전달하며 회전력을 증폭시킨다.

40 ★

진공식 제동 배력 장치에 대한 설명으로 옳은 것은?

① 브레이크 드럼 안에서 브레이크슈를 압착하는 역할이다.
② 소형 차량에서 제동력을 효율적으로 쓰기 위한 방법이다.
③ 하이드로 백이 고장나면 유압에 의한 브레이크는 작동하지 않는다.
④ **릴레이 밸브 피스톤 컵이 파손되어도 브레이크는 작동한다.**

> 출제영역 장비구조
> 릴레이 밸브에 손상이 있어도 브레이크 밸브에서 오는 압축공기로 제동이 가능하다.

41 ★★

지게차의 구조에서 L자형으로 된 2개의 구조물로 이루어져 있으며, 핑거 보드에 연결되어 화물을 받쳐서 운반하는 역할을 하는 것은?

① 마스트 ② 틸트 실린더
③ 리프트 체인 ④ **포크**

> **출제영역** 장비구조
>
> 포크에 대한 설명이다. 포크는 L자형으로 된 2개의 구조물로 이루어져 있으며, 핑거 보드에 연결되어 화물을 받쳐서 운반하는 역할을 한다. 적재하는 화물의 크기에 따라 포크의 간격을 조정할 수 있다.

42 ★★★

지게차로 작업 시 안정성과 균형감을 위해 지게차 장비 뒤쪽에 설치되어 있는 장치는?

① **카운터 웨이트** ② 백레스트
③ 핑거보드 ④ 마스트

> **출제영역** 장비구조
>
> 카운터 웨이트는 밸런스 웨이트 또는 평형추라고 하며, 작업할 때 안정성 및 균형을 잡아주기 위해 지게차 장비 뒤쪽에 설치되어 있다.

43 ★★★

지게차의 조종레버로 할 수 있는 작업이 아닌 것은?

① 틸팅(tilting) ② 리프팅(lifting)
③ **록킹(locking)** ④ 로어링(lowering)

> **출제영역** 장비구조
>
> 틸팅은 틸트 레버를 작동하여 마스트를 앞뒤로 기울이는 작업이고, 리프팅과 로어링은 리프트 레버를 작동하여 포크를 위아래로 움직이는 작업이다.

44 ★★★

지게차 작업 시 유의사항으로 옳지 않은 것은?

① 리프트레버 사용 시 시선은 포크를 주시한다.
② 하역 시 전후 안정도는 4%이고 좌우 안정도는 6%이다.
③ 포크의 간격은 팔레트와 컨테이너 폭의 50% 이상 75% 이하를 유지한다.
④ **지게차에 무거운 물건을 실을 때, 물건의 무게중심은 상부에 두는 것이 안전하다.**

> **출제영역** 장비구조
>
> 지게차에 무거운 물건을 실을 때, 물건의 무게중심은 하부에 두는 것이 안전하다.

45 ★★

전동식 지게차의 동력전달순서를 바르게 나열한 것은?

① 축전지 → 구동모터 → 컨트롤러 → 변속기 → 종감속 기어 및 차동장치 → 앞구동축 → 차륜
② 축전지 → 구동모터 → 컨트롤러 → 종감속 기어 및 차동장치 → 변속기 → 앞구동축 → 차륜
③ **축전지 → 컨트롤러 → 구동모터 → 변속기 → 종감속 기어 및 차동장치 → 앞구동축 → 차륜**
④ 축전지 → 컨트롤러 → 구동모터 → 종감속 기어 및 차동장치 → 변속기 → 앞구동축 → 차륜

> **출제영역** 장비구조
>
> 전동식 지게차는 '축전지 → 컨트롤러 → 구동모터 → 변속기 → 종감속 기어 및 차동장치 → 앞구동축 → 차륜'의 순서로 동력이 전달된다.

46

기준 무부하 상태일 때 지게차의 포크는 지면으로부터 몇 mm 위치에 있는가?

① 200　　　　　　② 300
③ 400　　　　　　④ 500

출제영역　장비구조

기준 무부하 상태는 지면으로부터 높이가 300mm인 수평상태의 지게차 포크의 윗면에 하중이 가해지지 않은 상태를 말한다.

47

지게차에서 스프링을 사용하지 않는 이유로 옳은 것은?

① 화물이 떨어지지 않도록 하기 위해서이다.
② 조향을 쉽게 하기 위해서이다.
③ 무게를 줄이기 위해서이다.
④ 회전을 원활하게 하기 위해서이다.

출제영역　장비구조

롤링이 생기면 화물이 떨어질 수 있으므로 스프링을 사용하지 않는다.

48

포크 간격 조정장치로 포크 사이의 간격을 조정할 수 있으며 양개식, 편개식이 있는 장치는?

① 힌지드 포크　　　② 포크 포지셔너
③ 스키드 포크　　　④ 로테이팅 포크

출제영역　장비구조

포크 포지셔너는 포크 간격 조정장치로 포크 사이의 간격을 조정할 수 있으며 양개식, 편개식이 있다.

49

석탄, 소금, 비료, 모래 등 흘러내리기 쉬운 물체를 운반하는 데 적합한 장치는 무엇인가?

① 사이드 클램프　　② 힌지드 포크
③ 로테이팅 클램프　④ 힌지드 버킷

출제영역　장비구조

힌지드 버킷은 힌지드 포크에 버킷을 끼운 장치로 석탄, 소금, 비료, 모래 등 흘러내리기 쉬운 물체를 운반하는 데 적합하다.

50

축전지와 전동기를 동력원으로 하며, 매연과 소음이 없어서 공장이나 창고에서 많이 사용되는 지게차는 무엇인가?

① 가솔린 지게차　　② 전동 지게차
③ 가스 지게차　　　④ 디젤 지게차

출제영역　장비구조

전동 지게차의 동력원은 축전지와 전동기이며, 매연과 소음이 없어서 공장이나 창고에서 많이 사용된다.

51

파스칼의 원리에 대한 설명으로 틀린 것은?

① 유체의 압력은 면에 대하여 수평으로 작용한다.
② 밀폐된 용기 내의 액체 일부에 가해진 압력은 유체 각 부분에 동시에 같은 크기로 전달된다.
③ 각 점의 압력은 모든 방향으로 동일하다.
④ 유압장치는 파스칼의 원리가 적용된다.

출제영역　장비구조

유체의 압력은 면에 대하여 수직으로 작용한다.

52 ★★★

안쪽은 내·외측 로터로, 바깥쪽은 하우징으로 구성되어 있는 오일펌프는 무엇인가?

① 베인 펌프
② 플런저 펌프
③ 트로코이드 펌프
④ 나사 펌프

> 출제영역 장비구조
> 트로코이드 펌프는 안쪽은 내·외측 로터로, 바깥쪽은 하우징으로 구성되어 있는 오일펌프이다.

53 ★★★

유압펌프에서 소음이 발생할 수 있는 원인으로 옳지 않은 것은?

① 오일 속에 공기가 들어있는 경우
② 오일의 점도가 너무 낮은 경우
③ 펌프의 회전 속도가 너무 빠른 경우
④ 오일의 양이 적은 경우

> 출제영역 장비구조
> 오일의 점도가 너무 높은 경우 유압펌프에서 소음이 발생할 수 있다.

54 ★★★

유량제어 밸브에 속하지 않는 것은?

① 스로틀 밸브
② 압력보상 밸브
③ 니들 밸브
④ 감속 밸브

> 출제영역 장비구조
> 감속 밸브는 방향제어 밸브에 속한다.

55 ★★★

유압모터의 장점으로 옳지 않은 것은?

① 방향 제어가 용이하다.
② 무단 변속이 용이하다.
③ 작동유가 누출되어도 작업 성능에는 영향을 주지 않는다.
④ 소형 경량으로 큰 출력을 낼 수 있다.

> 출제영역 장비구조
> 작동유가 누출되면 작업 성능에 지장이 있다.

56 ★★★

압력제어 밸브에 대한 설명이 틀린 것은?

① 고압소용량, 저압대용량 펌프를 조합할 때와 작동압력이 규정 이상 상승할 때 동력을 절감하기 위해 사용하는 밸브는 무부하 밸브이다.
② 두 개 이상의 분기회로에서 작동 순서를 제어하는 밸브는 시퀀스 밸브이다.
③ 실린더가 중력으로 인해 제어속도 이상으로 낙하하는 것을 방지하는 밸브는 카운터 밸런스 밸브이다.
④ 유압회로의 최고압력을 제한하고, 압력을 일정하게 유지시키는 밸브는 리듀싱 밸브이다.

> 출제영역 장비구조
> 유압회로의 최고압력을 제한하고, 압력을 일정하게 유지시키는 밸브는 릴리프 밸브이다. 리듀싱 밸브는 유압회로에서 입구 압력을 감압하여 유압실린더 출구 설정압력 유압으로 유지하는 밸브이다.

57 ★★★

유압탱크에 대한 설명으로 옳지 않은 것은?

① 오일탱크 내의 오일을 전부 배출시킬 때 사용하는 것은 드레인 플러그이다.
② 오일탱크 내부에는 격판을 설치한다.
③ 배플을 설치하여 회로 내 불순물 혼입을 방지한다.
④ 이물질이 혼입되지 않도록 밀폐되어야 한다.

출제영역 장비구조
회로 내 불순물 혼입을 방지하는 것은 스트레이너이다.

58 ★★★

다음 중 유압유의 첨가제를 모두 고른 것은?

| ㄱ. 점도지수 방지제 ㄴ. 산화 방지제 |
| ㄷ. 유동점 강하제 |

① ㄱ
② ㄱ, ㄴ
③ ㄴ, ㄷ
④ ㄱ, ㄴ, ㄷ

출제영역 장비구조
유압유의 첨가제는 점도지수 향상제, 산화 방지제, 유동점 강하제 등이 있다.

59 ★★★

작동유의 정상 작동 온도 범위로 적절한 것은?

① 40~60℃
② 70~90℃
③ 100~120℃
④ 130~150℃

출제영역 장비구조
작동유의 정상 작동 온도 범위는 40~60℃이다.

60 ★★★

다음 중 공기유압변환기를 나타내는 유압기호는?

①

②

③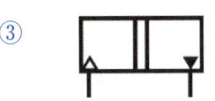

④

출제영역 장비구조
① 드레인 배출기, ② 체크 밸브, ④ 가변교축밸브

제8회 CBT 기출복원문제

01 ★★★

감전사고의 발생 요인이 아닌 것은?

① 충전부에 직접 접촉한 경우
② 안전거리 이내로 접근한 경우
③ 절연변화, 손상, 파손 등에 의해 누전된 전기기기에 접촉한 경우
④ 전기화상의 위험이 있는 작업 시 절연장비 및 안전장구를 착용한 경우

출제영역 안전관리

감전의 위험이 있는 전기 작업 시 절연장비 및 안전장구를 착용하면 사고의 발생을 막을 수 있다.

02 ★★★

안전관리상 보안경을 사용해야 하는 작업과 가장 거리가 먼 것은?

① 장비 밑에서 정비 작업을 할 때
② 건설기계장비 일상점검 작업을 할 때
③ 철분, 모래 등이 날리는 작업을 할 때
④ 전기용접 및 가스용접 작업을 할 때

출제영역 안전관리

보안경은 유해 광선이나 유해 약물로부터 눈을 보호하기 위해 착용한다.

03 ★★

해머 작업 시 안전수칙으로 옳지 않은 것은?

① 해머는 자루가 단단한 것을 사용한다.
② 반드시 면장갑을 끼고 작업을 해야 한다.
③ 반드시 보호용 안경을 착용하고 작업한다.
④ 공동으로 해머 작업을 하는 경우에는 호흡을 맞춘다.

출제영역 안전관리

해머 작업 시 작업에 알맞은 무게의 해머를 선택하며 장갑을 끼고 작업하지 않는다.

04 ★★

산업안전보건법에 따른 산업안전 표지판에서 색채와 용도가 잘못 짝지어진 것은?

① 빨간색 – 금지
② 노란색 – 경고
③ 검은색 – 안내
④ 파란색 – 지시

출제영역 안전관리

산업안전보건법에 따른 산업안전 표지판에서 색채에 따라 금지표지, 경고표지, 지시표지, 안내표지로 구분된다. 안내표지는 녹색으로 나타낸다.

05

복스렌치가 오픈렌치보다 많이 사용되는 이유로 옳은 것은?

① 값이 싸며 구입하기 편리하다.
② 여러 가지 크기의 볼트, 너트에 사용할 수 있다.
③ 작업용도가 다양하며 복잡한 작업에도 많이 사용된다.
④ 볼트, 너트 주위를 완전히 감싸서 사용 중에 미끄러지지 않는다.

출제영역 안전관리

복스렌치는 볼트, 너트 주위를 완전히 감싸게 되어 사용 중에 미끄러지지 않으므로 작업하기 용이하다.

06

인력운반으로 중량물 운반 시 발생할 수 있는 재해와 가장 거리가 먼 것은?

① 낙하　　　　② 협착
③ 충돌　　　　④ 정전

출제영역 안전관리

중량물 운반 시 지게차 작업의 위험요인에는 화물의 낙하, 협착 및 충돌, 차량의 전도 등이 있다.

07

운반 및 하역 작업 시 착용복장 및 보호구에 대한 설명으로 옳지 않은 것은?

① 방독면과 방화장갑은 반드시 착용한다.
② 위험물 취급 시 방호할 수 있는 보호구를 착용한다.
③ 작업복의 상의 소매는 손목에 밀착되도록 착용한다.
④ 작업복 하의의 바지 끝부분을 안전화 속에 넣어 밀착되도록 한다.

출제영역 안전관리

유해물이나 위험물을 취급하는 경우 방호할 수 있는 보호구를 착용해야 하지만 모든 작업 시 방독면과 방화장갑을 착용해야 하는 것은 아니다.

08

기계시설의 안전을 위한 유의사항으로 옳지 않은 것은?

① 작업의 속도를 높이기 위해 레버 조작을 빨리 한다.
② 기어, 벨트, 체인 등은 위험하므로 반드시 커버를 씌워둔다.
③ 장비 승·하차 시에는 장비에 장착된 손잡이 및 발판을 사용한다.
④ 작업장의 바닥은 보행에 지장을 주지 않도록 청결하게 유지한다.

출제영역 안전관리

기계 작업 시 적절한 안전거리를 유지하며 작업 중 이상한 소리가 날 경우 즉시 작동을 멈추고 점검하도록 한다.

09

다음 산업안전 표지판이 나타내는 것은?

① 보행금지　　　　② 탑승금지
③ 출입금지　　　　④ 화기금지

출제영역 안전관리

산업안전 표지판의 종류 중 금지표지에 해당하며 출입금지표지이다.

10 ⭐⭐

일반화재가 발생한 경우 화염이 있는 곳에서 대피하기 위한 요령으로 옳지 않은 것은?

① 손수건으로 입을 막고 대피한다.
② 몸을 낮게 엎드려서 대피한다.
③ **물을 적신 수건을 머리에 덮어 쓰고 대피한다.**
④ 머리카락, 얼굴, 발, 손 등이 불과 닿지 않도록 한다.

> 출제영역 안전관리
> 화재 발생 시 호흡기 손상을 막기 위해 수건을 물에 적셔 코와 입을 막고 대피한다.

11 ⭐⭐⭐

작업 전 지게차의 워밍업 운전 및 점검 사항으로 틀린 것은?

① 엔진 시동 후 5분간 저속 운전을 실시한다.
② 틸트 레버를 사용하여 전 행정으로 전후 경사운동을 2~3회 실시한다.
③ 리프트 레버를 사용하여 상승, 하강 운동을 전 행정으로 2~3회를 실시한다.
④ **시동 후 작동유의 유온을 정상범위 내에 도달하도록 고속으로 전후진 주행을 2~3회 실시한다.**

> 출제영역 작업 전 점검
> 엔진 시동 시 오일의 흐름을 원활하게 하기 위하여 저속에서 워밍업을 하여야 하며, 차가운 엔진을 고속으로 회전시키거나 부하를 크게 주면 엔진에 손상을 입히게 된다.

12 ⭐⭐⭐

건설기계장비 작업 중 계기판에서 냉각수 경고등이 점등된 경우 대처방법으로 가장 적합한 것은?

① 오일양 점검
② 라디에이터 교환
③ 작업 종료 후 냉각수 보충
④ **작업 중지 후 점검 및 정비 실시**

> 출제영역 작업 전 점검
> 냉각수 경고등은 엔진 냉각수의 온도가 과열되었을 때 점등되므로 이 램프가 점등되면 냉각계통을 점검해야 한다.

13 ⭐⭐⭐

유압장치의 수명 연장을 위해 가장 중요한 점검사항은?

① 오일탱크의 세척
② 오일 펌프의 점검 및 교환
③ **오일 필터의 점검 및 교환**
④ 오일 냉각기의 점검 및 세척

> 출제영역 작업 전 점검
> 유압장치의 수명 연장을 위해서는 오일의 양을 수시로 점검하고 주기적으로 오일 필터를 점검 및 교환해야 한다.

14 ⭐⭐

지게차로 가파른 경사지에서 적재물을 운반하는 경우 올바른 운전방법은?

① 지그재그로 내려온다.
② 기어의 변속을 중립에 놓고 운전한다.
③ 적재물을 앞에 싣고 천천히 운전한다.
④ **기어의 변속을 저속 상태로 놓고 후진으로 내려온다.**

> 출제영역 화물 적재 및 하역 작업
> 가파른 경사지에서 적재물을 싣고 운반하는 경우에는 기어의 변속을 저속 상태로 놓고 적재물이 경사 위쪽에 오도록 후진으로 내려온다.

15 ★★★

지게차의 운전 및 화물운반작업에 대한 설명으로 옳지 않은 것은?

① 짐을 싣기 위해 마스트를 약간 전경시키고 포크를 끼워 물건을 싣는다.
② 목적지에 도착 후 물건을 내리기 위해 틸트 실린더를 후경시켜 하역한다.
③ 포크를 상승시킬 때는 리프트 레버를 뒤쪽으로, 하강시킬 때는 앞쪽으로 민다.
④ 틸트 레버를 앞으로 밀면 마스터가 앞으로 기울고 포크도 따라서 앞으로 기운다.

> **출제영역** 화물운반작업
> 화물을 내릴 때에는 마스트를 수직으로 하거나 4°정도 앞으로 기울인다.

16 ★★★

점도가 서로 다른 유압유 2종류를 혼합하였을 경우에 대한 설명으로 옳은 것은?

① 열화 현상을 촉진시킨다.
② 점도가 달라지나 사용에는 전혀 지장이 없다.
③ 혼합은 권장사항이므로 사용에는 전혀 지장이 없다.
④ 오일 첨가제의 좋은 부분만 작용하므로 혼합 시 이점이 많다.

> **출제영역** 운전시야확보
> 유압유의 혼용 사용은 금지되어 있다. 점도가 다른 2종류의 오일을 혼합하게 되면 열화 현상이 촉진되므로 혼합하여 사용하지 않는다.

17 ★★★

건설기계 등록사항 변경이 있을 때에는 그 소유자 및 점유자는 누구에게 신고하여야 하는가?

① 노동부장관 ② 국토교통부장관
③ 관할검사소장 ④ 시·도지사

> **출제영역** 건설기계관리법 및 도로교통법
> 건설기계 등록사항 변경이 있을 때에는 그 소유자 또는 점유자는 대통령령으로 정하는 바에 따라 이를 시·도지사에게 신고하여야 한다(건설기계관리법 제5조 1항 참조).

18 ★★★

특별 표지판을 부착하여야 할 대형건설기계가 아닌 것은?

① 높이가 6미터인 건설기계
② 총중량이 70톤인 건설기계
③ 길이가 15.7미터인 건설기계
④ 최소회전반경이 15미터인 건설기계

> **출제영역** 건설기계관리법 및 도로교통법
> 대형건설기계에는 ㉠ 길이가 16.7미터를 초과하는 건설기계, ㉡ 너비가 2.5미터를 초과하는 건설기계, ㉢ 높이가 4.0미터를 초과하는 건설기계, ㉣ 최소회전반경이 12미터를 초과하는 건설기계, ㉤ 총중량이 40톤을 초과하는 건설기계, ㉥ 총중량 상태에서 축하중이 10톤을 초과하는 건설기계를 포함한다(건설기계 안전기준에 관한 규칙 제2조 제33호).

19 ★★★

기중기를 신규 등록한 후 최초 정기검사를 받아야 하는 시기로 옳은 것은?

① 6개월 ② 1년
③ 2년 ④ 2년 6개월

> **출제영역** 건설기계관리법 및 도로교통법
> 기중기, 천공기, 아스팔트살포기 등은 검사유효기간이 1년이다.

20

다음 교통안전표지 중 우회로를 의미하는 것은?

①

②

③

④

출제영역 건설기계관리법 및 도로교통법

교통안전표지 중 지시표지로 ②는 좌회전 및 유턴, ③ 양측방통행, ④ 회전교차로를 의미한다.

21

부분 건설기계정비업에서 정비할 수 있는 것은?

① 실린더헤드의 탈착
② 변속기의 분해·정비
③ 유압장치의 탈부착 및 분해
④ 연료공급 및 분사펌프의 분해

출제영역 건설기계관리법 및 도로교통법

부분 건설기계정비업에서는 유압장치의 탈부착 및 분해·정비, 변속기 탈부착, 전후차축 및 제동장치정비(타이어식으로 된 것) 등을 정비할 수 있다(건설기계관리법 시행령 별표2 참조).

22

건설기계조종사면허증을 반납해야 하는 사유가 아닌 것은?

① 면허가 취소된 경우
② 면허의 효력이 정지된 경우
③ 질병 등으로 당분간 건설기계 조종을 할 수 없는 경우
④ 면허증의 재교부를 받은 후 잃어버린 면허증을 발견한 경우

출제영역 건설기계관리법 및 도로교통법

건설기계조종사면허를 받은 사람은 면허가 취소된 때, 면허의 효력이 정지된 때, 면허증의 재교부를 받은 후 잃어버린 면허증을 발견한 때에 그 사유가 발생한 날부터 10일 이내에 시장·군수 또는 구청장에게 그 면허증을 반납해야 한다(건설기계관리법 시행규칙 제80조 제1항).

23

검사대행자가 매년 1월 31일까지 국토교통부장관에게 보고해야 하는 사항이 아닌 것은?

① 건설기계 검사 실적
② 검사원 등 인력 운영 현황
③ 검사 관련 시설의 운영 현황
④ 검사업무 담당직원의 주소지 변경사항

출제영역 건설기계관리법 및 도로교통법

검사대행자는 건설기계 검사 실적, 검사용 차량, 전산시설 등 검사 관련 시설의 운영 현황, 검사원 등 인력 운영 현황, 그 밖의 검사 관련 사항을 매년 1월 31일까지 국토교통부장관에게 보고하여야 한다(건설기계관리법 시행규칙 제33조 제4항).

24

1년간 운전면허 벌점의 누산점수가 몇 점 이상일 경우 운전면허가 취소되는가?

① 110점
② 121점
③ 201점
④ 271점

출제영역 건설기계관리법 및 도로교통법

운전면허 벌점의 누산점수가 1년간 121점 이상, 2년간 201점 이상, 3년간 271점 이상인 경우에는 운전면허가 취소된다(도로교통법 시행규칙 별표28).

25

긴급자동차에 해당하지 않는 것은?

① 소방차
② 구급차
③ 수사기관의 자동차 중 범죄수사를 위하여 사용되는 자동차
④ 긴급배달 우편물 운송차에 유도되어 따라가고 있는 자동차

출제영역 건설기계관리법 및 도로교통법

긴급자동차란 그 본래의 긴급한 용도로 사용되고 있는 자동차를 말하는 것으로 소방차, 구급차, 혈액 공급차량, 경찰용 자동차 중 긴급한 경찰업무 수행에 사용되는 자동차, 수사기관의 자동차 중 범죄수사를 위해 사용되는 자동차 등이 해당된다(도로교통법 제2조 제22호).

26

인명사고가 발생한 경우 긴급구호 요청방법을 순서대로 바르게 나열한 것은?

① 즉시 정차 → 사상자 구호 → 신고 → 긴급구조 요청
② 즉시 정차 → 신고 → 사상자 구호 → 긴급구조 요청
③ 신고 → 즉시 정차 → 사상자 구호 → 긴급구조 요청
④ 긴급구조 요청 → 즉시 정차 → 사상자 구호 → 신고

출제영역 응급대처

인명사고가 발생한 경우 즉시 정차하여 피해자를 구호한 후 신고하여 긴급구조를 요청한다.

27

엔진에서 노킹이 발생했을 때 디젤 기관에 미치는 영향은?

① 기관의 온도가 내려간다.
② 기관의 회전수가 높아진다.
③ 기관의 출력이 높아진다.
④ 기관의 각 부분에 손상이 발생한다.

출제영역 장비구조

노킹이 발생하면 실린더와 피스톤이 충돌하여 손상될 수 있으며 소음과 진동이 발생한다.

28

디젤기관에서 엔진의 압축압력이 저하되는 요인으로 옳은 것은?

① 크랭크축 베어링의 마모
② 냉각수 부족
③ 피스톤링의 마모
④ 오일필터 막힘

출제영역 장비구조

피스톤링이 마모되면 피스톤과 실린더 사이로 공기가 새어나가 압축 압력이 저하된다.

29

윤활방식 중 오일펌프를 이용하여 오일팬의 오일에 압력을 주어 각 윤활 부분으로 보내는 방식은?

① 분무식
② **압송식**
③ 비산식
④ 샨트식

> 출제영역 장비구조
> 압송식 윤활방식에 대한 설명이다.

30

디젤 엔진에서 분사노즐 간의 연료 분사량이 일정하지 않을 때 나타나는 현상은?

① 실린더에 슬러지가 발생한다.
② 엔진이 과열된다.
③ 디젤 노킹이 발생한다.
④ **엔진 부조가 발생한다.**

> 출제영역 장비구조
> 실린더 간 연소 폭발의 차이로 인해 엔진이 떨리며 부조가 나타난다.

31

디젤기관의 에어클리너가 막혔을 때 일어나는 현상은?

① 배출가스의 색은 검은색이고, 출력은 증가한다.
② 배출가스의 색은 회백색이고, 출력은 저하된다.
③ **배출가스의 색은 검은색이고, 출력은 저하된다.**
④ 배출가스의 색은 담청색이고, 출력은 동일하다.

> 출제영역 장비구조
> 에어클리너가 막히면 흡입 공기량이 적어져 검은 배기가스가 배출된다.

32

기관이 과열되는 원인으로 틀린 것은?

① 물 펌프 작동 불량
② **팬벨트의 장력 과다**
③ 라디에이터 코어 막힘
④ 냉각수 양 부족

> 출제영역 장비구조
> 팬벨트의 장력이 느슨하면 기관이 과열될 수 있다.

33

기관이 과냉될 경우 일어나는 현상으로 옳은 것은?

① 연료 소비율이 떨어진다.
② 조기점화로 노킹이 일어난다.
③ 엔진의 회전저항이 줄어든다.
④ **베어링의 마멸이 커진다.**

> 출제영역 장비구조
> 기관이 과냉되면 오일이 희석되어 베어링의 마멸이 커진다.

34

시동이 걸렸는데도 시동 스위치를 계속 누르고 있을 경우 나타나는 현상은?

① 베어링이 손상된다.
② **피니언 기어가 손상된다.**
③ 스테이터가 손상된다.
④ 부조가 발생한다.

> 출제영역 장비구조
> 시동 후 시동 스위치를 계속 누르고 있으면 피니언 기어가 손상되어 기동 전동기의 수명이 단축된다.

35

축전지를 오랫동안 방치하면 자기방전되어 사용할 수 없게 되는 원인은?

① 전해액의 온도가 올라가기 때문이다.
② **극판이 영구 황산납이 되기 때문이다.**
③ 극판에 녹이 슬기 때문이다.
④ 전해액이 증발하기 때문이다.

> 출제영역 장비구조
> 축전지를 방치하면 음극판 작용물질과 황산이 화학반응하여 황산납을 만들어 자연방전된다.

36

교류발전기의 구성품 중 교류 전기를 직류로 변환시키는 것은?

① **다이오드** ② 로터
③ 브러시   ④ 스테이터

> 출제영역 장비구조
> 다이오드(정류기)는 스테이터 코일에서 발생된 교류 전기를 정류하여 직류로 변환시킨다.

37

엔진이 정지된 상태에서 계기판 전류계의 지침이 (-) 방향을 가리키고 있을 때 예상되는 원인으로 가장 적절하지 않은 것은?

① **발전기에서 축전지로 충전 중이다.**
② 배선에서 누전이 되고 있다.
③ 엔진 예열장치를 동작시키고 있다.
④ 전조등 스위치가 점등 위치에 있다.

> 출제영역 장비구조
> 발전기에서 축전지로 충전되는 중일 경우에는 전류계 지침이 (+) 방향을 가리킨다.

38

지게차 작업장치의 조종레버에 대한 설명으로 옳지 않은 것은?

① 전·후진 레버를 뒤로 당기면 후진한다.
② 틸트 레버를 뒤로 당기면 마스트가 뒤로 기운다.
③ **리프트 레버를 앞으로 밀면 포크가 상승한다.**
④ 포크 상승 후 리프트 레버를 중립에 두면 포크는 그 위치에서 그대로 정지한다.

> 출제영역 장비구조
> 리프트 레버를 앞으로 밀면 포크는 하강한다.

39

자동변속기에 대한 설명으로 옳지 않은 것은?

① **변속기 오일 수준이 높으면 과열될 수 있다.**
② 오일 펌프 내에 공기가 생성되면 메인압력이 떨어진다.
③ 토크 컨버터가 고장나면 모든 변속단에서 출력이 떨어진다.
④ 자동변속기 오일의 충격완화작용으로 기관 수명이 길어진다.

> 출제영역 장비구조
> 메인압력 과다, 과부하 운전, 변속기 오일쿨러 막힘 등이 자동변속기의 과열 원인이다.

40 ⭐⭐

공기식 브레이크에 대한 설명으로 옳지 않은 것은?

① 적은 답력으로 브레이크를 조작할 수 있다.
② 브레이크 장치 구조가 간단하다.
③ 캠과 리턴 스프링으로 브레이크슈를 작동시킨다.
④ **승용차 등 소형 차량에서 주로 사용한다.**

> 출제영역 | 장비구조
>
> 유압식 브레이크에 제동 배력 장치를 설치하여 제동력을 높이는 것만으로는 페달을 밟아 대형 차량에 필요한 제동력을 확보하기 힘들기 때문에 버스나 건설기계 등에서는 공기식 브레이크를 사용한다.

41 ⭐

지게차의 마스트에 포함되어 있지 않은 장치는?

① **카운터 웨이트**
② 포크
③ 핑거보드
④ 백레스트

> 출제영역 | 장비구조
>
> 마스트는 지게차 작업장치의 기둥으로 포크, 핑거보드, 백레스트, 틸트 실린더, 리프트 실린더, 리프트 체인 등이 장착되어 있다. 카운터 웨이트는 작업할 때 안정성과 균형을 위해 지게차의 뒤쪽에 설치되어 있는 장치이다.

42 ⭐⭐⭐

리프트 실린더에 유압유를 공급하는 방법으로 옳은 것은?

① 포크를 하강시킨다.
② 리프트 레버를 운전자 바깥쪽으로 민다.
③ **포크를 상승시킨다.**
④ 틸트 레버를 운전자 쪽으로 당긴다.

> 출제영역 | 장비구조
>
> 리프트 레버를 운전자 쪽으로 당기면 포크가 상승하고 실린더에 유압유가 공급된다.

43 ⭐⭐

타이어식 건설기계의 앞바퀴 정렬방법에 대한 설명으로 옳지 않은 것은?

① 토인은 좌우 앞바퀴의 앞부분을 좁혀 직진성을 높인다.
② **포지티브 캐스터는 조향축이 앞으로 기울어져 안정성을 높인다.**
③ 캠버는 자동차의 앞에서 봤을 때 바퀴 축이 기울어진 정도이다.
④ 킹핀 경사각은 앞에서 볼 때 킹핀 중심이 기울어진 정도이다.

> 출제영역 | 장비구조
>
> 포지티브 캐스터는 조향축이 뒤로 기울어져 방향성과 핸들 복원력을 높여 준다.

44 ⭐⭐⭐

지게차가 최대하중을 싣고 엔진을 정지한 경우, 유압유의 온도가 50℃일 때 포크가 차중 및 하중에 의하여 내려가는 거리는 10분당 몇 mm 이하이어야 하는가?

① 50
② **100**
③ 150
④ 200

> 출제영역 | 장비구조
>
> 지게차 유압유의 온도가 50℃일 때 지게차가 최대하중을 싣고 엔진을 정지한 경우 포크가 차중 및 하중에 의하여 내려가는 거리는 10분당 100mm 이하이어야 한다.

45

지게차의 마스트를 조종실 쪽으로 최대로 기울였을 때의 경사각을 무엇이라고 하는가?

① 조향각
② 전경각
③ 틸팅각
④ **후경각**

출제영역 장비구조

지게차의 마스트를 조종실 쪽으로 최대로 기울였을 때의 경사각을 후경각이라고 하며 이때 경사각은 10~12°의 범위에 있다.

46

마스트 상승이 불가능한 장소나 천장이 낮은 장소 등에서 사용하기 적합하며, 프리리프트 양이 아주 큰 장치는 무엇인가?

① 하이 마스트
② 로드 스태빌라이저
③ **프리리프트 마스트**
④ 힌지드 버킷

출제영역 장비구조

프리리프트 마스트는 프리리프트 양이 아주 크고, 마스트 상승이 불가한 장소나 천장이 낮은 곳에서 사용하기 적합하다.

47

지게차의 브레이크 페달은 어떤 원리를 이용한 것인가?

① 랙크 피니언 원리
② 애커먼 장토식 원리
③ 파스칼의 원리
④ **지렛대의 원리**

출제영역 장비구조

지게차의 브레이크 페달은 지렛대의 원리를 이용한 것이다.

48

지게차의 인칭조절장치에 대한 설명으로 옳은 것은?

① 디셀레이터 페달이다.
② 트랜스미션 외부에 있다.
③ **지게차를 앞뒤로 서서히 화물에 접근시킬 때 사용한다.**
④ 트랜스미션 오일의 온도는 인칭, 브레이크에 영향을 주지 않는다.

출제영역 장비구조

지게차의 인칭조절장치는 지게차를 앞뒤로 서서히 화물에 접근시킬 때 사용하며 트랜스미션 내부에 있다.

49

지게차의 동력 전달장치에서 지게차가 커브를 돌 때 좌우바퀴의 회전수에 차이를 두어 회전을 원활하게 하기 위한 장치는 무엇인가?

① 변속기
② 벨크랭크
③ **차동장치**
④ 휠 실린더

출제영역 장비구조

차동장치는 지게차가 커브를 돌 때 좌우바퀴의 회전수에 차이를 두어 회전을 원활하게 하기 위한 장치이다.

50 ★★

다음 중 전동 지게차와 관련이 없는 것을 모두 고르면?

| ㄱ. 인젝터 | ㄴ. 틸트 실린더 |
| ㄷ. 타이어 | ㄹ. 마스트 |

① ㄱ
② ㄴ
③ ㄱ, ㄴ
④ ㄷ, ㄹ

> 출제영역 장비구조
>
> 인젝터는 디젤기관에서 사용되는 것으로 전동 지게차와는 관련이 없다.

51 ★★★

유압장치의 단점에 해당하지 않는 것은?

① 먼지나 공기 등 이물질에 민감하다.
② 연결부에서 누유가 생길 수 있다.
③ 회로 구성이 어렵다.
④ **속도를 제어하기 어렵다.**

> 출제영역 장비구조
>
> 유압장치는 공급유량을 조절하여 회전속도를 제어할 수 있기 때문에 속도제어가 쉽다.

52 ★★

유압펌프의 종류가 아닌 것은?

① 기어펌프
② 베인펌프
③ 피스톤식 펌프
④ **인젝션 펌프**

> 출제영역 장비구조
>
> 인젝션 펌프는 고압의 연료를 노즐에 공급하는 장치로, 유압펌프와는 관계가 없다.

53 ★★★

플런저 펌프의 특징이 아닌 것은?

① 피스톤 펌프라고도 한다.
② **흡입능력이 좋다.**
③ 유압펌프 중 가장 높은 압력 조건에서 사용 가능하다.
④ 토출량의 변화 범위가 크다.

> 출제영역 장비구조
>
> 플런저 펌프는 흡입능력이 나쁘다.

54 ★★★

기어 모터에 대한 설명 중 옳지 않은 것은?

① **유압유에 이물질이 혼입되면 고장이 발생할 확률이 높다.**
② 일반적으로 평기어를 사용한다.
③ 구조가 간단하다.
④ 가격이 저렴하다.

> 출제영역 장비구조
>
> 기어 모터는 유압유에 이물질이 혼입되어도 고장 발생이 적다.

55 ★★★

유압실린더에 대한 설명으로 옳지 않은 것은?

① 쿠션 기구의 작은 유로는 압축 공기를 불어서 막힘 여부를 검사한다.
② **유압실린더 정비 시 O-링은 깨끗이 닦고 난 뒤 다시 조립한다.**
③ 유압회로 내에 유량이 부족하면 유압실린더의 작동 속도가 느려진다.
④ 유압실린더를 교환하였을 경우 공기빼기 작업이 필요하다.

> 출제영역 장비구조
>
> 한번 사용한 유압실린더의 O-링은 정비 시 교체한다.

56

유압장치의 부속기기에 대한 설명으로 틀린 것은?

① 유압장치의 오일 냉각기는 오일 온도를 정상온도로 일정하게 유지한다.
② **유압장치에 사용되는 블래더형 어큐뮬레이터의 고무 주머니 내에 주입되는 것은 산소이다.**
③ 유압계통을 수리할 때마다 오일 실은 항상 교환해야 한다.
④ 오일여과기는 유압장치에서 불순물을 제거한다.

> 출제영역 장비구조
> 유압장치에 사용되는 블래더형 어큐뮬레이터의 고무주머니 내에 주입되는 것은 질소이다.

57

유압 작동유가 갖추어야 할 조건이 아닌 것은?

① 압력에 대해 비압축성일 것
② 열팽창계수가 작을 것
③ **밀도가 클 것**
④ 발화점이 높을 것

> 출제영역 장비구조
> 유압 작동유는 밀도가 작아야 한다.

58

유압유가 과열되는 경우로 옳지 않은 것은?

① **유압유량이 규정보다 많은 경우**
② 오일냉각기의 냉각핀이 오손되는 경우
③ 릴리프 밸브가 닫힌 상태로 고장인 경우
④ 유압유가 노화된 경우

> 출제영역 장비구조
> 유압유량이 부족할 때 유압유가 과열된다.

59

유압장치의 일상점검 항목을 모두 고른 것은?

> ㄱ. 오일의 양 점검
> ㄴ. 오일의 누유 여부 점검
> ㄷ. 변질상태 점검

① ㄱ
② ㄱ, ㄴ
③ ㄴ, ㄷ
④ **ㄱ, ㄴ, ㄷ**

> 출제영역 장비구조
> 유압장치의 일상점검 항목은 오일의 양, 오일의 누유 여부, 변질상태 점검이다.

60

다음 중 압력 스위치를 나타내는 유압기호는?

①

② ****

③

④

> 출제영역 장비구조
> ① 유압동력원, ③ 필터, ④ 압력계

지게차운전기능사 필기 8개년 기출문제집

합격까지 박문각

PART 03

최신 CBT 기출분석문제
(2024년~2025년)

2024년 CBT 기출분석문제

자격종목	시험시간	문항수	점수
지게차운전기능사	60분	60문항	

01 유류화재 시 소화방법으로 부적절한 것은?

① 모래를 뿌린다.
② B급 화재 소화기를 사용한다.
③ 다량의 물을 뿌린다.
④ ABC 소화기를 사용한다.

02 해머 작업 시 안전수칙으로 틀린 것은?

① 공동으로 해머 작업 시 호흡을 맞춰 교대로 때릴 것
② 열처리된 재료는 해머로 때리지 말 것
③ 강하게 시작하여 점차 약하게 타격할 것
④ 해머 자루를 연결대에 끼우지 말 것

03 그림과 같은 산업안전 표지판이 나타내는 것은?

① 산화성물질경고
② 인화성물질경고
③ 낙하물경고
④ 방사성물질경고

04 드릴작업에서 구멍을 뚫을 때 공작물이 함께 회전하기 가장 쉬운 때는?

① 드릴 핸들에 약간의 힘을 주었을 때
② 작업이 처음 시작될 때
③ 구멍을 중간쯤 뚫었을 때
④ 구멍 뚫기 작업이 거의 끝날 때

05 산업재해를 예방하기 위한 재해예방 4원칙으로 틀린 것은?

① 대책 선정의 원칙
② 원인 계기의 원칙
③ 예방 가능의 원칙
④ 대량 생산의 원칙

06 공장 내 작업 안전수칙으로 옳은 것은?

① 기름걸레나 인화물질은 철재상자에 보관한다.
② 공구나 부속품을 닦을 때에는 휘발유를 사용한다.
③ 차가 잭에 의해 올려져 있을 때는 직원 외에는 차내 출입을 삼간다.
④ 높은 곳에서 작업 시 훅을 놓치지 않게 잘 잡고, 체인블록을 이용한다.

07 중량물 운반 시 안전사항으로 틀린 것은?

① 크레인은 규정용량을 초과하지 않는다.
② 흔들리는 화물은 사람이 붙잡아서 이동한다.
③ 무거운 물건을 밑에, 가벼운 물건을 위에 쌓는다.
④ 무거운 물건을 상승시킨 채 오랫동안 방치하지 않는다.

08 가스장치의 가스 누출 여부를 검사하는 방법으로 가장 적절한 것은?

① 비눗물을 바른다.
② 냄새를 맡아 본다.
③ 촛불을 대어 본다.
④ 수돗물을 뿌린다.

09 안전교육의 목적으로 맞지 않는 것은?

① 능률적인 표준작업을 숙달시킨다.
② 위험에 대처하는 능력을 기른다.
③ 안전보호구의 설계능력을 배양한다.
④ 작업 중의 위험에 대한 주의심을 기른다.

10 지게차의 작업 전 점검사항으로 틀린 것은?

① 타이어의 공기압 점검
② 팬벨트 장력 점검
③ 엔진오일 누유 점검
④ 배기가스의 색깔 점검

11 건설기계의 점검 및 작업 시 안전사항으로 가장 거리가 먼 것은?

① 엔진 등 중량물을 탈착 시에는 반드시 밑에서 잡아준다.
② 엔진을 가동 시는 소화기를 비치한다.
③ 유압계통을 점검할 때는 작동유가 식은 다음에 점검한다.
④ 엔진 냉각계통 점검 시에는 엔진을 정지시키고 냉각수가 식은 다음에 점검한다.

12 다음 중 주차 시 확인사항으로 틀린 것은?

① 시동 스위치의 키를 "ON"에 놓는다.
② 평탄한 장소에 주차한다.
③ 전, 후진 레버를 중립위치로 한다.
④ 주차브레이크를 확실히 걸어 장비가 움직이지 않도록 한다.

13 지게차로 화물을 운반할 때의 주의사항으로 틀린 것은?

① 액체 화물의 경우 적재 후 약간의 전후진 동작으로 동하중을 확인한다.
② 화물의 무게는 차체의 무게보다 무거워야 한다.
③ 포크의 끝단으로 화물을 들어올리지 않는다.
④ 짐을 실을 때는 마스트를 약간 전경시키고 포크를 끼워 넣는다.

14 지게차 운전자가 지켜야 할 안전수칙으로 옳은 것은?

① 회전 시 선회반경은 최대한 좁게 한다.
② 운전자 옆에 보조운전자가 탑승하여 작업을 보조한다.
③ 짐을 싣고 경사로를 올라갈 때는 저속 후진한다.
④ 후진 시 후진경고음, 경광등, 경적 등을 사용한다.

15 지게차로 다양한 크기의 화물을 운반할 때 포크에 끼워 한 번에 들 수 있도록 하여 운반작업을 편리하게 해주는 도구는?

① 상자   ② 판자
③ 드럼통   ④ 파렛트

16 운전 중 이상 상태 발생 시 대처방법으로 옳지 않은 것은?

① 작업 중 이상 소음이 발생할 경우 작업을 마치고 정비사에게 점검받는다.
② 화재 발생 시 초기진화를 할 수 있도록 소화기의 위치를 파악해 둔다.
③ 작업 중 이상한 냄새가 날 경우 즉시 작업을 멈추고 장비를 점검한다.
④ 비포장도로에서는 차체가 덜컹거려 화물이 낙하할 수 있으므로 로프로 결착한다.

17 지게차에 짐을 싣고 창고나 공장을 출입할 때의 주의사항 중 틀린 것은?

① 짐이 출입구 높이에 닿지 않도록 주의한다.
② 팔이나 몸을 차체 밖으로 내밀지 않는다.
③ 주위 장애물 상태를 확인 후 이상이 없을 때 출입한다.
④ 차폭이 출입구의 폭보다 넓은 경우 천천히 지나간다.

18 다음 그림과 같은 교통안전표지에 대한 설명으로 맞는 것은?

① 회전형교차로 표지
② 중앙분리대시작표지
③ 삼거리 표지
④ 우회로 표지

19 차량이 남쪽에서 북쪽으로 진행 중일 때 그림에 대한 설명으로 옳지 않은 것은?

① 차량을 좌회전하면 '양화로' 또는 '신촌로'로 진입할 수 있다.
② 차량을 우회전하면 '시청' 방향으로 갈 수 있다.
③ 차량을 직진하는 경우 '연세로'의 건물번호가 작아진다.
④ 150m를 직진하면 교차로가 나온다.

20 교차로 통행방법 설명 중 틀린 것은?

① 좌회전할 때에는 교차로 중심 안쪽으로 서행한다.
② 교차로에서 진로를 바꾸려는 경우 50m 전에 방향지시등을 켠다.
③ 교차로에 진입했을 때 황색 등화로 바뀐 경우 신속히 진행하여 교차로를 빠져나간다.
④ 교차로에서 직진하려는 차는 이미 교차로에 진입하여 좌회전하고 있는 차의 진로를 방해할 수 없다.

21 도로에서 정차할 때의 방법으로 옳은 것은?

① 진행방향의 반대방향으로 정차한다.
② 차도의 우측 가장자리에 정차한다.
③ 차체의 전단부가 도로 중앙을 향하도록 비스듬히 정차한다.
④ 일방통행로에서 좌측 가장자리에 정차한다.

22 도로공사를 하고 있는 경우에 해당 공사구역의 양쪽 가장자리로부터 몇 미터 이내의 지점에 주차해서는 안 되는가?

① 5m
② 7m
③ 0m
④ 15m

23 건설기계 등록번호표를 가리거나 훼손하여 알아보기 곤란하게 한 자에게 부과하는 과태료로 옳은 것은?

① 50만원 이하
② 100만원 이하
③ 300만원 이하
④ 1,000만원 이하

24 건설기계관리법령상 건설기계의 구조변경 범위에 포함되지 않는 것은?

① 유압장치 및 조종장치의 형식변경
② 건설기계의 길이·너비·높이 등의 변경
③ 수상작업용 건설기계 선체의 형식변경
④ 가공작업을 수반하지 않고 작업장치를 부착할 경우의 형식변경

25 신개발 건설기계가 아닌 경우 미등록 건설기계의 임시운행기간은 며칠 이내인가?

① 7일
② 10일
③ 15일
④ 30일

26 건설기계조종사 면허증을 반납하지 않아도 되는 경우는?

① 면허가 취소된 때
② 면허의 효력이 정지된 때
③ 부상 등으로 건설기계 조종을 할 수 없게 된 때
④ 분실로 면허증의 재교부를 받은 후 잃어버린 면허증을 발견한 때

27 교통사고 시 사상자가 발생하였을 때 운전자가 즉시 취해야 할 조치사항으로 가장 적절한 것은?

① 증인 확보 - 정차 - 사상자 구호
② 즉시 정차 - 신고 - 위해방지
③ 즉시 정차 - 위해방지 - 증인 확보
④ 즉시 정차 - 사상자 구호 - 신고

28 가솔린기관과 비교하여 디젤기관의 장점이 아닌 것은?

① 열효율이 높다.
② 연료소비율이 낮다.
③ 화재의 위험이 적다.
④ 가속성이 좋고, 운전이 정숙하다.

29 피스톤과 실린더 사이의 간격이 너무 클 때 일어나는 현상은?

① 출력 증가
② 압축압력 증가
③ 엔진오일 소모량 증가
④ 피스톤과 실린더의 고착

30 라디에이터 캡을 열어 냉각수를 점검하였을 때 오일이 섞여있는 경우 그 원인은?

① 라디에이터가 불량하다.
② 실린더와 피스톤 링이 마모되었다.
③ 수냉식 오일 쿨러가 파손되었다.
④ 기관의 윤활유가 너무 많이 주입되었다.

31 압력식 라디에이터 캡의 스프링이 파손되는 경우 발생하는 현상은?

① 냉각수 순환이 빨라진다.
② 냉각수 비등점이 낮아진다.
③ 냉각수 비등점이 높아진다.
④ 냉각수 순환이 불량해진다.

32 디젤기관에서 노킹의 원인에 해당하지 않는 것은?

① 연료의 세탄가가 높다.
② 착화지연 시간이 길다.
③ 연소실의 온도가 낮다.
④ 연료의 분사압력이 낮다.

33 장비에 장착된 축전지를 급속 충전할 때 축전지의 접지케이블을 분리하는 이유로 맞는 것은?

① 기동 전동기를 보호하기 위해
② 발전기의 다이오드를 보호하기 위해
③ 과충전을 방지하기 위해
④ 조정기의 접점을 보호하기 위해

34 기관 과급기에서 공기의 속도에너지를 압력에너지로 변환시키는 장치는?

① 터빈
② 디퓨저
③ 압축기
④ 디플렉터

35 12V 납축전지 셀에 대한 설명으로 맞는 것은?

① 6개의 셀이 직렬로 접속되어 있다.
② 6개의 셀이 병렬로 접속되어 있다.
③ 6개의 셀이 직렬과 병렬로 혼용하여 접속되어 있다.
④ 12개의 셀이 직렬과 병렬로 혼용하여 접속되어 있다.

36 직류발전기와 비교하여 교류발전기의 특징으로 틀린 것은?

① 소형이며 경량이다.
② 브러시의 수명이 길다.
③ 저속 시에도 충전이 가능하다.
④ 전압 조정기 대신 전류 조정기만 있으면 된다.

37 기동전동기 취급 시 주의사항으로 틀린 것은?

① 기동전동기의 연속 사용기간은 60초 정도로 한다.
② 기관이 시동된 상태에서 시동스위치를 켜서는 안 된다.
③ 기동전동기의 회전속도가 규정 이하이면 오랜 시간 연속회전시켜도 시동이 되지 않으므로 회전속도에 유의해야 한다.
④ 전선 굵기는 규정 이하의 것을 사용하면 안 된다.

38 일반적인 축전지 터미널의 식별법으로 적합하지 않은 것은?

① 적색과 흑색 등의 색으로 구분한다.
② (+), (-)의 부호 표시로 구분한다.
③ 터미널의 요철로 구분한다.
④ 굵기로 구분한다.

39 방향지시등의 한쪽 등이 빠르게 점멸하고 있을 때, 운전자가 가장 먼저 점검하여야 할 곳은?

① 전구
② 배터리
③ 플래셔 유닛
④ 콤비네이션 스위치

40 지게차의 구동방식에 대한 설명으로 옳은 것은?

① 뒷바퀴로 구동된다.
② 앞바퀴로 구동된다.
③ 앞·뒷바퀴로 구동된다.
④ 중간차축에 의해 구동된다.

41 튜브리스 타이어의 특징이 아닌 것은?

① 튜브 조립이 없어 작업성이 향상된다.
② 못이 박혀도 공기가 새지 않는다.
③ 주행 중 열 발산이 좋지 않다.
④ 펑크 수리가 간단하다.

42 지게차 자동변속기의 오일량 점검에 관한 설명으로 틀린 것은?

① 엔진을 급가속한 상태에서 점검
② 엔진의 예열 운전을 실시한 후 점검
③ 엔진을 중립상태로 하고 공회전한 후 점검
④ 오일량 게이지의 F선 근처에 오일이 묻는지 점검

43 긴 내리막길을 내려갈 때 베이퍼 록을 방지하기 위한 좋은 운전 방법은?

① 클러치를 끊고 브레이크 페달을 계속 밟고 속도를 조정하며 내려간다.
② 변속레버를 중립으로 놓고 브레이크 페달을 밟고 내려간다.
③ 시동을 끄고 브레이크 페달을 밟고 내려간다.
④ 엔진 브레이크를 사용한다.

44 유압의 압력을 올바르게 나타낸 것은?

① 압력 = 단면적 × 가해진 힘
② 압력 = 가해진 힘 ÷ 단면적
③ 압력 = 단면적 ÷ 가해진 힘
④ 압력 = 가해진 힘 − 단면적

45 유압 작동부에서 오일이 누유되고 있을 때 가장 먼저 점검하여야 할 곳은?

① 실(Seal)
② 피스톤
③ 기어
④ 펌프

46 유압장치의 기본 구성요소가 아닌 것은?

① 제어 밸브
② 유압펌프
③ 종감속 기어
④ 유압실린더

47 유압모터의 특징을 설명한 것으로 틀린 것은?

① 관성력이 크다.
② 구조가 간단하다.
③ 무단변속이 가능하다.
④ 자동원격조작이 가능하다.

48 구동되는 기어펌프의 회전수가 변하였을 때 가장 적합한 설명은?

① 오일의 유량이 변한다.
② 오일의 압력이 변한다.
③ 오일의 흐름 방향이 변한다.
④ 회전 경사판의 각도가 변한다.

49 지게차에서 작동유를 한 방향으로 흐르게 하고 반대방향으로는 흐르지 않게 하기 위해 사용하는 밸브는?

① 감압 밸브
② 체크 밸브
③ 릴리프 밸브
④ 무부하 밸브

50 방향제어 밸브를 동작시키는 방식으로 알맞지 않은 것은?

① 전자식
② 수동식
③ 스프링식
④ 유압 파일럿식

51 유압유가 과열되는 원인과 가장 거리가 먼 것은?

① 유압유가 부족할 때
② 릴리프 밸브가 닫힌 상태로 고장일 때
③ 유압유량이 규정보다 많을 때
④ 오일냉각기의 냉각핀이 오손되었을 때

52 유압 도면기호 중 그림이 나타내는 것은?

① 유압 파일럿(외부)
② 필터
③ 드레인 배출기
④ 유압모터

53 지게차에서 틸트 실린더의 역할은?

① 차체의 수평을 유지한다.
② 포크를 상승 또는 하강시킨다.
③ 차체를 좌·우로 회전한다.
④ 마스트의 앞·뒤 경사각을 유지한다.

54 교류발전기에서 교류를 직류로 바꾸어 주는 것은?

① 계자　② 브러시
③ 슬립링　④ 다이오드

55 지게차의 작업장치 중 깨지기 쉬운 화물이나 불안전한 화물의 낙하를 방지하기 위하여 포크 상단에 상하 작동할 수 있는 압력판을 부착한 것은?

① 힌지드 포크
② 하이 마스트
③ 로드 스태빌라이저
④ 로테이팅 클램프

56 다음 중 작업용도에 따른 지게차의 종류가 아닌 것은?

① 힌지드 버킷
② 로드 스태빌라이저
③ 로테이팅 클램프
④ 크롤러 마스트

57 다음 중 축전지와 전동기를 동력원으로 하는 지게차는?

① 수동 지게차
② 엔진 지게차
③ 전동 지게차
④ 디젤 지게차

58 지게차 장비 뒤쪽에 설치되어 있으며 차체 앞쪽에 화물을 실었을 때 지게차가 앞쪽으로 기울어지는 것을 방지하기 위하여 설치되어 있는 것은?

① 카운터 웨이트
② 리프트 체인
③ 백레스트
④ 마스트

59 지게차의 리프트 실린더에서 사용되는 유압 실린더 형식은?

① 스프링식　② 틸트식
③ 단동식　④ 복동식

60 지게차의 좌우 포크 높이가 다를 경우에 조정하는 부위는?

① 리프트 밸브
② 틸트 실린더
③ 틸트 레버
④ 체인

2025년 CBT 기출분석문제

자격종목	시험시간	문항수	점수
지게차운전기능사	60분	60문항	

01 화재 시 소화법에 대한 설명으로 틀린 것은?

① 제거소화법은 가연물을 제거하는 것이다.
② 기화소화법은 가연물을 기화시키는 것이다.
③ 질식소화법은 가연물에 산소공급을 차단하는 것이다.
④ 냉각소화법은 열원을 발화온도 이하로 냉각하는 것이다.

02 드라이버 작업 시 주의사항으로 틀린 것은?

① 드라이버의 날 끝이 수평이어야 한다.
② 드라이버의 날은 홈보다 약간 큰 것을 사용한다.
③ 전기 작업 시 금속 자루를 사용하지 않는다.
④ 공작물을 손으로 잡고 작업하지 않는다.

03 그림과 같은 산업안전 표지판이 나타내는 것은?

① 녹십자표지
② 응급구호표지
③ 약국표지
④ 비상용기구

04 토크렌치의 가장 올바른 사용법은?

① 렌치 끝을 한 손으로 잡고 돌리면서 눈은 게이지 눈금을 확인한다.
② 렌치 끝을 양손으로 잡고 돌리면서 눈은 게이지 눈금을 확인한다.
③ 왼손은 렌치 중간 지점을 잡고 돌리며 오른손은 지지점을 누르고 게이지 눈금을 확인한다.
④ 오른손은 렌치 끝을 잡고 돌리며 왼손은 지지점을 누르고 눈은 게이지 눈금을 확인한다.

05 사고의 직접원인으로 가장 적합한 것은?

① 사회적 환경요인
② 유전적인 요소
③ 불안전한 행동 및 상태
④ 성격결함

06 가연성 가스 저장실에서의 안전사항으로 가장 적합한 것은?

① 휴대용 전등을 사용한다.
② 담배불은 밖에서 켜서 가지고 들어온다.
③ 기름걸레를 통과 통 사이에 끼워 충격을 완화한다.
④ 조명은 형광등으로 하고 실내에 스위치를 설치한다.

07 장갑을 끼지 않고 작업해야 하는 작업으로 틀린 것은?

① 오일교환작업
② 드릴작업
③ 해머작업
④ 정밀기계작업

08 작업장에서 지켜야 할 안전수칙은?

① 먼지 비산을 막기 위해 폐유로 바닥을 닦는다.
② 무거운 구조물은 여러 사람이 함께 든다.
③ 정전 시에는 기계의 전기를 차단한다.
④ 공구를 쓰지 않을 때는 기름칠을 해 둔다.

09 산업재해의 통상적 분류 중 통계적 분류에 대한 설명으로 틀린 것은?

① 사망 : 업무로 인해서 목숨을 잃게 되는 경우
② 중경상 : 부상으로 30일 이상의 노동 상실을 가져온 상해 정도
③ 경상해 : 부상으로 1일 이상 7일 이상의 노동 상실을 가져온 상해 정도
④ 무상해 사고 : 응급처치 이하의 상처로 작업에 종사하면서 치료를 받는 상해 정도

10 동절기에 지게차 시동 후 엔진의 정상 작동 온도까지 상승시키는 작업을 무엇이라 하는가?

① 난기운전
② 예비운전
③ 상온운전
④ 준비운전

11 지게차 운전 중 다음과 같은 경고등이 점등되었다. 어떻게 대처해야 하는가?

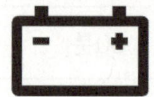

① 일단 정지 후 엔진오일의 수위를 확인한다.
② 일단 정지 후 냉각수의 온도를 확인한다.
③ 일단 정지 후 배터리를 점검한다.
④ 주유소에서 연료를 보충한다.

12 작업 후 탱크에 연료를 가득 채워주는 이유가 아닌 것은?

① 연료의 기포방지를 위해서
② 다음(내일)의 작업을 위해서
③ 연료의 압력을 높이기 위해서
④ 연료탱크에 수분이 생기는 것을 방지하기 위해서

13 지게차 하역작업 시 안전수칙으로 옳은 것은?

① 굴러갈 위험이 있는 물체는 고임목을 괴어 놓는다.
② 부드러운 화물은 포크로 찔러서 들어올린다.
③ 적재가 불안정할 경우 작업을 빠르게 진행한다.
④ 포크를 지면에서 30cm 이상 들어올려 화물의 안정성을 확인한다.

14 팔레트 운반 작업을 할 때 포크는 어느 정도 간격을 유지해야 하는가?

① 팔레트 폭의 75%~100%
② 팔레트 폭의 50%~75%
③ 팔레트 폭의 30%~50%
④ 팔레트 폭의 20%~30%

15 운전 중에 진동이 심해질 경우 점검해야 할 사항과 관련이 없는 것은?

① 양쪽 타이어의 균형이 맞는지 확인한다.
② 엔진과 차체의 연결부위를 점검한다.
③ 라디에이터에서 누수가 없는지 점검한다.
④ 연료계통에 공기가 들어 있는지 점검한다.

16 지게차가 취급 화물의 중량한계를 초과할 때 일어날 수 있는 현상으로 적절하지 않은 것은?

① 후륜 들림 현상이 발생한다.
② 장비가 전복되거나 넘어질 위험이 있다.
③ 방향 전환이 용이해진다.
④ 차체가 손상되고 수명 단축이 발생한다.

17 운전 중 돌발상황이 발생한 경우 대처 방법으로 틀린 것은?

① 소화기의 위치 및 충전상태를 항상 확인해 두고 화재발생 시 초기진화를 해야 한다.
② 도로에 장애물이 있을 경우 급출발, 급제동, 급선회를 하지 않아야 한다.
③ 진행 경로에 다른 작업자가 있을 경우 속도를 줄이고 경적을 울린다.
④ 작업 중 이상한 냄새가 날 경우 일단 정비사에게 알리고 작업 후 점검을 받는다.

18 다음 교통안전표지가 의미하는 것은?

① 좌우회전
② 직진 및 좌회전
③ 좌회전 후 직진
④ 양측방통행

19 다음 중 관공서용 건물번호판은?

①  ②

③  ④

20 교통정리가 없는 교차로에서 우선순위가 같은 차량이 동시에 교차로에 진입한 때의 우선순위로 맞는 것은?

① 소형 차량이 우선한다.
② 우측도로의 차가 우선한다.
③ 좌측도로의 차가 우선한다.
④ 중량이 큰 차량이 우선한다.

21 도로교통법령상 최고속도의 100분의 50으로 감속 운행해야 하는 경우가 아닌 것은?

① 노면이 얼어붙은 경우
② 비가 내려 노면이 젖어 있는 경우
③ 눈이 20mm 이상 쌓인 경우
④ 폭우·폭설·안개 등으로 가시거리가 100미터 이내인 경우

22 다음 중 도로교통법을 위반한 경우는?

① 낮에 어두운 터널 속을 통과할 때 전조등을 켰다.
② 밤에 교통이 빈번한 도로에서 전조등을 계속 하향했다.
③ 교차로의 가장자리나 도로의 모퉁이로부터 10m 지점에 주차하였다.
④ 노면이 얼어붙은 곳에서 최고 속도의 100분의 20을 줄인 속도로 운행하였다.

23 건설기계조종사면허가 취소되거나 효력정지처분을 받은 후에도 건설기계를 계속하여 조종한 자에 대한 벌칙은?

① 과태료 100만원
② 1년 이하의 징역 또는 1,000만원 이하의 벌금
③ 취소기간 연장조치
④ 조종사면허 재취득 불가

24 건설기계조종사면허 적성검사 기준으로 틀린 것은?

① 시각은 150도 이상일 것
② 두 눈의 시력이 각각 0.3 이상일 것
③ 두 눈을 동시에 뜨고 잰 시력이 0.7 이상일 것
④ 청력은 10m의 거리에서 60dB을 들을 수 있을 것

25 건설기계의 신규등록검사를 실시할 수 있는 자는?

① 구청장
② 시·도지사
③ 검사대행자
④ 행정안전부장관

26 도로교통법상 교통사고에 해당되지 않는 것은?

① 도로운전 중 논밭으로 추락하여 부상한 사고
② 도로주행 중 화물이 추락하여 사람이 부상한 사고
③ 차고에서 적재하던 화물이 추락하여 사람이 부상한 사고
④ 주행 중 브레이크 고장으로 도로변의 전신주와 충돌한 사고

27 가솔린기관과 비교하여 디젤기관의 특징으로 틀린 것은?

① RPM이 높다.
② 소음이 크다.
③ 제작비가 비싸다.
④ 같은 마력이라면 무게가 무겁다.

28 실린더 헤드 개스킷이 손상되었을 때 발생할 수 있는 현상은?

① 피스톤이 가벼워진다.
② 압축압력과 폭발압력이 낮아진다.
③ 배터리가 빨리 방전된다.
④ 엔진오일의 압력이 높아진다.

29 냉각장치에 사용되는 라디에이터의 구성품이 아닌 것은?

① 코어
② 물재킷
③ 냉각핀
④ 냉각수 주입구

30 디젤기관을 가동시킨 후 충분한 시간이 지났는데도 냉각수 온도가 정상적으로 상승하지 않을 경우 그 고장의 원인이 될 수 있는 것은?

① 물 펌프의 고장
② 냉각팬 벨트가 헐거움
③ 라디에이터 코어 막힘
④ 수온조절기가 열린 채 고장남

31 디젤엔진의 연소실에 연료가 공급되는 형태는?

① 기화기와 같은 기구를 사용하여 연료를 공급한다.
② 노즐로 연료를 안개와 같이 분사한다.
③ 가솔린 엔진과 동일한 연료 공급펌프로 공급한다.
④ 액체상태로 흘려보낸다.

32 보기에서 머플러(소음기)와 관련된 설명으로 바른 것을 모두 고르면?

> ㄱ. 카본이 쌓이면 엔진출력이 떨어진다.
> ㄴ. 배기가스의 압력을 높여서 열효율을 증가시킨다.
> ㄷ. 머플러가 손상되어 구멍이 나면 배기음이 커진다.
> ㄹ. 카본이 많이 끼면 엔진이 과열되는 원인이 될 수 있다.

① ㄱ, ㄴ, ㄷ
② ㄱ, ㄴ, ㄹ
③ ㄱ, ㄷ, ㄹ
④ ㄴ, ㄷ, ㄹ

33 기관에서 사용하는 피스톤의 구비조건이 아닌 것은?

① 무게가 무거워야 한다.
② 블로바이가 없어야 한다.
③ 열전도율이 좋고 열팽창률이 적어야 한다.
④ 고온·고압가스에 충분히 견딜 수 있어야 한다.

34 연료의 세탄가와 가장 밀접한 관련이 있는 것은?

① 열효율
② 폭발압력
③ 착화성
④ 인화성

35 건설기계 엔진에 사용되는 시동모터가 회전이 안 되거나 회전력이 약한 원인이 아닌 것은?

① 배터리 전압이 낮다.
② 시동스위치 접촉 불량이다.
③ 브러시가 정류자에 밀착되어 있다.
④ 배터리 단자와 터미널의 접촉이 나쁘다.

36 납산 축전지 터미널에 녹이 슬었을 때의 조치방법으로 가장 적절한 것은?

① 녹이 진행되지 않게 엔진오일을 도포하고 확실히 더 조인다.
② (+)와 (-)터미널을 서로 바꾸어 준다.
③ 물걸레로 닦아내고 더 조인다.
④ 녹을 닦은 후 터미널을 고정시키고 그리스를 상부에 도포한다.

37 축전지 커버에 붙은 전해액을 세척하려 할 때 사용하는 중화제로 가장 좋은 것은?

① 증류수
② 비눗물
③ 암모니아수
④ 베이킹소다수

38 다음 회로에서 퓨즈에는 몇 A가 흐르는가?

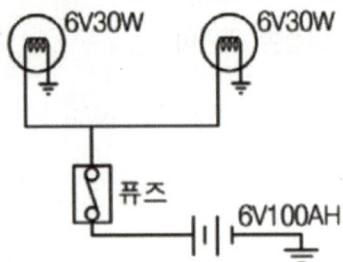

① 5A
② 10A
③ 50A
④ 100A

39 지게차에서 클러치의 필요성으로 가장 적절하지 않은 것은?

① 기관의 출력을 증가시키기 위해
② 기관의 동력을 연결·차단하기 위해
③ 기관의 동력을 서서히 전달하기 위해
④ 기관의 시동 시 무부하 상태로 하기 위해

40 지게차에서 사용하는 타이어의 종류가 아닌 것은?

① 초고압타이어
② 고압타이어
③ 저압타이어
④ 초저압타이어

41 동력전달장치에 사용되는 차동기어장치에 대한 설명으로 틀린 것은?

① 선회할 때 좌우 구동바퀴의 회전속도를 다르게 한다.
② 선회할 때 바깥쪽 바퀴의 회전속도를 증대시킨다.
③ 기관의 회전력을 크게 하여 구동바퀴에 전달한다.
④ 보통 차동기어 장치는 노면의 저항을 작게 받는 구동바퀴의 회전속도가 빠르게 될 수 있다.

42 타이어에서 고무로 피복된 코드를 여러 겹으로 겹친 층에 해당되며 타이어 골격을 이루는 것은?

① 비드(Bead)부
② 숄더(Shoulder)부
③ 트레드(Tread)부
④ 카커스(Carcass)부

43 유압장치에서 오일에 거품이 생기는 원인으로 가장 거리가 먼 것은?

① 유압유의 점도 지수가 클 때
② 오일탱크와 펌프 사이에서 공기가 유입될 때
③ 오일이 부족하여 공기가 일부 혼입 되었을 때
④ 펌프축 주위의 토출측 실(seal)이 손상되었을 때

44 다음 중 압력제어 밸브에 해당하지 않는 것은?

① 감압(리듀싱) 밸브
② 시퀀스(순차) 밸브
③ 무부하(언로드) 밸브
④ 교축(스로틀) 밸브

45 유압장치에서 유압조정밸브의 조정방법은?

① 압력조절밸브가 열리도록 하면 유압이 높아진다.
② 밸브스프링의 장력이 커지면 유압이 낮아진다.
③ 조정 스크류를 조이면 유압이 높아진다.
④ 조정 스크류를 풀면 유압이 높아진다.

46 유압으로 작동되는 작업장치에서 작업 중 힘이 떨어질 때의 원인과 가장 밀접한 밸브는?

① 메인 릴리프 밸브
② 체크 밸브
③ 방향전환 밸브
④ 메이크업 밸브

47 건설기계에서 작동유 오일탱크의 역할로 틀린 것은?

① 작동유를 저장한다.
② 오일 내 이물질의 침전작용을 한다.
③ 유압을 적정하게 유지하는 역할을 한다.
④ 유온을 적정하게 유지하는 역할을 한다.

48 유압펌프에서 발생한 유압을 저장하고 맥동을 제거하는 것은?

① 어큐뮬레이터 ② 언로딩 밸브
③ 릴리프 밸브   ④ 스트레이너

49 액추에이터의 작동속도와 가장 관계가 깊은 특성은?

① 온도   ② 점도
③ 유량   ④ 압력

50 압력제어 밸브는 어느 위치에서 작동하는가?

① 탱크와 펌프
② 실린더 내부
③ 펌프와 방향전환 밸브
④ 방향전환 밸브와 실린더

51 공유압 기호 중 그림이 나타내는 것은?

① 필터
② 체크 밸브
③ 전동기
④ 유압동력원

52 유압장치에 주로 사용되지 않는 것은?

① 기어 펌프
② 베인 펌프
③ 나사 펌프
④ 분사 펌프

53 지게차의 틸트 실린더에서 사용되는 유압 실린더 형식은?

① 단동식 실린더
② 복동식 실린더
③ 스프링식 실린더
④ 왕복식 실린더

54 오일의 압력이 낮아지는 원인과 가장 거리가 먼 것은?

① 오일펌프 성능이 노후되었을 때
② 오일의 점도가 높아졌을 때
③ 오일의 점도가 낮아졌을 때
④ 계통 내에서 누설이 있을 때

55 지게차를 작업용도에 따라 분류할 때 원추형 화물을 조이거나 회전시켜 운반 또는 적재하는 데 적합한 것은?

① 로테이팅 클램프
② 로드 스태빌라이저
③ 힌지드 버킷
④ 힌지드 포크

56 다음 중 지게차의 작업장치가 아닌 것은?

① 리프트 체인
② 마스트
③ 브레이커
④ 카운터 웨이트

57 다음 중 클러치형 지게차의 동력전달순서로 옳은 것은?

① 엔진 → 클러치 → 변속기 → 종감속 기어 및 차동장치 → 앞구동축 → 차륜
② 엔진 → 클러치 → 종감속 기어 및 차동장치 → 변속기 → 앞구동축 → 차륜
③ 엔진 → 변속기 → 클러치 → 종감속 기어 및 차동장치 → 앞구동축 → 차륜
④ 엔진 → 변속기 → 클러치 → 앞구동축 → 종감속 기어 및 차동장치 → 차륜

58 지게차의 조종레버 명칭이 아닌 것은?

① 리프트 레버
② 틸트 레버
③ 밸브 레버
④ 전·후진 레버

59 지게차의 틸트 레버를 운전자 쪽으로 당기면 마스트는 어떻게 되는가?

① 지면방향 아래쪽으로 내려온다.
② 운전자 쪽으로 기운다.
③ 지면에서 위쪽으로 올라간다.
④ 운전자의 쪽에서 반대방향으로 기운다.

60 다음은 무엇에 관한 설명인가?

> L자형으로 된 2개의 구조물로 이루어져 있으며, 핑거 보드에 연결되어 화물을 받쳐서 운반하는 역할을 한다. 또한 적재하는 화물의 크기에 따라 간격조정이 가능하다.

① 마스트
② 포크
③ 리프트 체인
④ 틸트 실린더

최신 CBT 기출분석문제 정답 및 해설

2024년 CBT 기출분석문제

01	02	03	04	05	06	07	08	09	10
③	③	①	④	④	①	②	①	③	④
11	12	13	14	15	16	17	18	19	20
①	①	②	④	④	①	④	①	③	②
21	22	23	24	25	26	27	28	29	30
②	①	②	④	③	③	④	④	②	③
31	32	33	34	35	36	37	38	39	40
②	①	②	②	①	②	③	①	①	②
41	42	43	44	45	46	47	48	49	50
③	①	②	①	④	①	①	①	②	③
51	52	53	54	55	56	57	58	59	60
③	②	④	④	③	④	①	③	①	④

01 ▶ ③ 　출제영역 안전관리

유류화재에 물을 사용하면 물을 따라 불붙은 기름이 흘러 화재가 확산되므로, 전용 소화기를 사용하거나 모래를 덮어 산소를 차단하여 소화한다.

02 ▶ ③ 　출제영역 안전관리

해머는 처음에 약하게 타격을 시작하여 점차 강하게 때린다.

03 ▶ ① 　출제영역 안전관리

그림은 산화성물질경고를 나타내는 경고표지이다.

04 ▶ ④ 　출제영역 안전관리

드릴 구멍 가공이 끝날 무렵에는 알맞은 힘으로 작업하여 공작물이 따라 돌지 않도록 주의하여야 한다.

05 ▶ ④ 　출제영역 안전관리

재해예방 4원칙
- 손실 우연의 법칙 : 사고로 인한 손실의 종류 및 정도는 사고 당시의 조건에 따라 우연적이다.
- 대책 선정의 원칙 : 사고예방을 위한 안전대책이 선정되고 적용되어야 한다.
- 원인 계기의 원칙 : 사고에는 반드시 원인이 있고, 사고는 여러 가지 원인이 연속적으로 연계되어 일어난다.
- 예방 가능의 원칙 : 천재지변을 제외한 사고는 예방이 가능하다.

06 ▶ ① 　출제영역 안전관리

① 기름걸레나 인화물질은 화재 위험이 있으므로 목재나 종이상자가 아닌 인화성이 낮은 철재상자에 보관한다.
② 공구나 부속품에 기름이 묻으면 미끄러지기 쉬워 사고의 원인이 되며, 화재의 원인이 될 수도 있다.
③ 차가 잭에 의해 올려져 있을 때는 차내에 들어가지 않는다.
④ 높은 곳에서 작업 시 안전벨트를 착용하고 작업한다. 훅과 체인블록은 화물을 크레인으로 인양할 때 쓰며, 사람이 잡거나 매달리지 않는다.

07 ▶ ② 　출제영역 안전관리

화물 운반 시 사람이 승차하여 화물을 붙잡으면 안 된다.

08 ▶ ① 　출제영역 안전관리

가스 누출 여부를 검사할 때는 비눗물을 누출 위험 부위에 바른다.

09 ▶ ③ 　출제영역 안전관리

설계능력은 안전교육의 목적과 관계가 없다.

10 ▶ ④ 　출제영역 작업 전 점검

배기가스의 색깔은 작업 전에 점검하는 사항이 아니다.

11 ▶ ① 　출제영역 작업 전 점검

엔진 등 중량물을 탈착할 때 낙하 사고의 위험이 있으므로 밑으로 들어가지 않는다.

12 ▶ ① 　출제영역 작업 후 점검

주차 시 시동 스위치는 "OFF"에 놓아야 한다.

13 ▶ ② 　출제영역 화물 적재 및 하역 작업

화물의 무게가 차체의 무게보다 무거우면 차량이 전복될 수 있다.

14 ▶ ④ 출제영역 화물운반작업

후진 시 안전을 위해 후진경고음, 경광등, 경적 등을 사용한다.

15 ▶ ④ 출제영역 화물운반작업

파렛트(팔레트)는 상품을 적재하기 위한 깔판으로, 튼튼하고 넓고 규격화되어 있어 다양한 크기의 화물을 올려서 적재 작업을 편리하게 할 수 있다.

16 ▶ ① 출제영역 운전시야확보

작업 중 이상 소음이나 이상한 냄새를 감지했을 경우 즉시 작업을 멈추고 장비를 점검한다.

17 ▶ ④ 출제영역 운전시야확보

차폭과 출입구의 폭을 확인하여 출입구의 폭이 차폭과 짐의 폭보다 넓고 공간 여유가 있는지, 충돌이 일어나지 않을지 확인한 후 출입한다.

18 ▶ ① 출제영역 건설기계관리법 및 도로교통법

교통안전표지 중 주의표지이며 회전형교차로 표지이다.

19 ▶ ③ 출제영역 건설기계관리법 및 도로교통법

서쪽에서 동쪽으로 갈수록, 남쪽에서 북쪽으로 갈수록 건물번호가 커진다. 따라서 남쪽에서 북쪽으로 직진하는 경우 '연세로'의 건물번호가 커진다.

20 ▶ ② 출제영역 건설기계관리법 및 도로교통법

교차로에서 진로를 바꾸려는 경우 30m 전에 방향지시등을 켠다.

21 ▶ ② 출제영역 건설기계관리법 및 도로교통법

도로 또는 노상주차장에 정차하려는 경우 다른 교통에 방해가 되지 않도록 차도의 우측 가장자리에 정차한다.

22 ▶ ① 출제영역 건설기계관리법 및 도로교통법

도로공사를 하고 있는 경우에는 그 공사 구역의 양쪽 가장자리로부터 5미터 이내에 차를 주차해서는 안 된다.

23 ▶ ② 출제영역 건설기계관리법 및 도로교통법

건설기계 등록번호표를 가리거나 훼손하여 알아보기 곤란하게 한 자 또는 그러한 건설기계를 운행한 자에게는 100만원 이하의 과태료를 부과한다.

24 ▶ ④ 출제영역 건설기계관리법 및 도로교통법

작업장치의 형식변경은 건설기계의 구조변경 범위에 포함되지만, 가공작업을 수반하지 않고 작업장치를 선택부착하는 경우에는 작업장치의 형식변경으로 보지 않는다.

25 ▶ ③ 출제영역 건설기계관리법 및 도로교통법

미등록 건설기계의 임시운행기간은 15일 이내이다. 다만, 신개발 건설기계를 시험·연구의 목적으로 운행하는 경우 3년 이내이다.

26 ▶ ③ 출제영역 건설기계관리법 및 도로교통법

부상 등으로 건설기계 조종을 할 수 없게 된 때는 면허증의 반납 사유가 아니다.

27 ▶ ④ 출제영역 응급대처

교통사고 시 사상자가 발생한 경우 운전자는 즉시 정차한 후 사상자를 구호조치하고 피해자에게 인적사항을 제공한 후 지체 없이 경찰서에 신고해야 한다.

28 ▶ ④ 출제영역 장비구조

디젤기관은 가솔린기관에 비해 힘(토크)이 좋고 열효율과 연료소비율이 좋으나, 가속성이 떨어지고 소음과 진동도 더 커서 정숙하지 못하다.

29 ▶ ③ 출제영역 장비구조

피스톤과 실린더 사이의 간격이 크면 크랭크실 내에 윤활유가 유입되어 오일 소모량이 증가한다.

30 ▶ ③ 출제영역 장비구조

엔진오일의 열을 식히는 수냉식 오일 쿨러에서 오일과 냉각수가 혼유되지 않도록 막아 주는 고무씰이 파손될 경우 냉각수에 오일이 유입될 수 있다.
헤드개스킷 파손이나 실린더 헤드의 균열도 냉각수에 엔진오일이 혼합되는 원인이 된다.

31 ▶ ② 출제영역 장비구조

압력식 라디에이터 캡의 스프링 파손이 발생했을 경우, 압력 밸브의 밀착이 불량하여 비등점이 낮아진다.

32 ▶ ① 출제영역 장비구조

연료의 세탄가가 너무 낮을 경우 노킹이 발생하기 쉽다.

33 ▶ ② 출제영역 장비구조

급속 충전은 짧은 시간에 충전하기 위해서 큰 전류로 충전하기 때문에 전류가 발전기로 흘러 들어가면 발전기의 다이오드를 고장나게 할 수 있다.

34 ▶ ② 출제영역 장비구조

디퓨저는 과급기 케이스 내부에 설치되어 공기의 속도에너지를 압력에너지로 변환시키는 장치이다.

35 ▶ ① 출제영역 장비구조

12V용 축전지는 6개의 셀이 직렬로 연결되어 있다.

36 ▶ ④ 출제영역 장비구조

교류발전기는 전압 조정기와 컷아웃 릴레이가 필요 없고 전압 조정기만 필요하다.

37 ▶ ① 출제영역 장비구조

기동전동기의 연속 사용기간은 10~15초이다.

38 ▶ ③ 출제영역 장비구조

축전지 터미널은 축전지와 기타 장치를 연결해 주는 단자이다. 외부 요철은 없고, 축전지 케이블과 확실히 접속되도록 되어 있으며, (+)극과 (-)극을 역으로 접속할 수 없도록 양극 터미널이 음극 터미널보다 더 굵다.

39 ▶ ① 출제영역 장비구조

전구의 불량이나 단선으로 전류의 흐름이 바뀌면 방향지시등의 점멸 속도가 빨라진다.

40 ▶ ② 출제영역 장비구조

지게차는 앞바퀴 구동방식을 사용한다.

41 ▶ ③ 출제영역 장비구조

튜브리스 타이어는 타이어 내부의 공기가 금속 림에 바로 접촉되어 있기 때문에 주행 중 열 발산이 좋다.

42 ▶ ① 출제영역 장비구조

지게차 자동변속기의 오일량 점검을 정확하게 하려면 점검 단계를 따르는 게 좋다. 주차브레이크를 걸고 기어를 중립에 놓고서 엔진을 공회전시켜 오일의 온도를 높인 후, 변속레버를 이동시켜 오일이 변속기 내부에 골고루 공급되게 한다. 이후 오일 레벨 게이지를 뽑아서 깨끗이 닦은 후 오일량을 측정하여 F(Full) 선 근처에 오일이 묻는지 점검하고, 양이 매우 적을 때는 보충하며 색이 어두워지면 교환한다.

43 ▶ ④ 출제영역 장비구조

브레이크를 너무 오래 사용하면 베이퍼 록 현상이 일어날 수 있다. 이를 방지하기 위해 엔진을 저단으로 바꾸는 엔진브레이크를 사용하는 것이 좋다.

44 ▶ ② 출제영역 장비구조

유압의 압력은 단위 단면적에 가해진 힘의 크기를 나타내는 것이다.

45 ▶ ① 출제영역 장비구조

오일 누출을 방지하는 오일 실(Seal)을 가장 먼저 점검해야 한다.

46 ▶ ③ 출제영역 장비구조

유압장치는 유압 발생장치(유압펌프, 오일탱크), 유압 제어장치(제어밸브), 유압 구동장치(유압실린더, 유압모터)로 구성되어 있다.

47 ▶ ① 출제영역 장비구조

유압모터는 관성력이 작아서 소음이 작고 작동이 신속 정확하다.

48 ▶ ① 출제영역 장비구조

기어펌프의 회전수가 변하면 오일의 양과 속도가 변한다.

49 ▶ ② 출제영역 장비구조

작동유의 역류를 방지하는 것은 체크 밸브에 대한 설명이다.

50 ▶ ③ 출제영역 장비구조

방향제어 밸브를 동작시키는 방식으로는 수동식, 전자식(솔레노이드 조작식), 유압 파일럿식이 있다.

51 ▶ ③ 출제영역 장비구조

유압유가 과열되는 원인으로는 유압유가 부족할 때, 릴리프 밸브가 닫힌 상태로 고장일 때, 오일냉각기의 냉각핀이 오손되었을 때 등이 있다.

52 ▶ ② 출제영역 장비구조

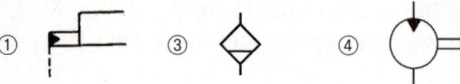

53 ▶ ④ 출제영역 장비구조

틸트 실린더는 마스트를 앞·뒤로 경사시킨다.

54 ▶ ④ 출제영역 장비구조

다이오드는 교류를 직류로 바꾸어 준다.

55 ▶ ③ 출제영역 장비구조

로드 스태빌라이저는 깨지기 쉬운 화물이나 불안전한 화물의 낙하를 방지하기 위하여 포크 상단에 상하 작동할 수 있는 압력판을 부착한 지게차를 말한다.

56 ▶ ④ 출제영역 장비구조

작업용도에 따른 지게차의 종류로는 힌지드 버킷, 로드 스태빌라이저, 로테이팅 클램프, 하이 마스트, 3단 마스트, 사이드 시프트 마스트 등이 있다.

57 ▶ ③ 출제영역 장비구조

축전지와 전동기를 동력원으로 하는 지게차는 전동 지게차이다.

58 ▶ ① 출제영역 장비구조

카운터 웨이트는 지게차 장비 뒤쪽에 설치되어 있으며 차체 앞쪽에 화물을 실었을 때 지게차가 앞쪽으로 기울어지는 것을 방지하기 위하여 설치되어 있는 것을 말한다.

59 ▶ ③ 출제영역 장비구조

지게차의 리프트 실린더는 단동식 실린더를 사용하고, 틸트 실린더는 복동식 실린더를 사용한다.

60 ▶ ④ 출제영역 장비구조

지게차의 좌우 포크 높이가 다를 경우 체인을 조정한다.

2025년 CBT 기출분석문제

01	02	03	04	05	06	07	08	09	10
①	②	②	④	③	①	①	③	②	①
11	12	13	14	15	16	17	18	19	20
③	②	①	②	③	③	④	②	④	②
21	22	23	24	25	26	27	28	29	30
②	④	②	④	③	③	①	②	②	④
31	32	33	34	35	36	37	38	39	40
②	③	①	③	③	④	②	④	①	①
41	42	43	44	45	46	47	48	49	50
③	④	①	④	③	①	③	①	③	③
51	52	53	54	55	56	57	58	59	60
④	④	②	②	①	③	①	③	②	②

01 ▶ ① 출제영역 안전관리

화재 소화법에는 기화소화법, 질식소화법, 냉각소화법 등이 있다.

02 ▶ ② 출제영역 안전관리

날 끝이 홈의 폭과 길이에 맞는 것을 사용해야 한다.

03 ▶ ② 출제영역 안전관리

그림은 응급구호설비가 있는 장소에 부착되는 응급구호표지로 안내표지이다.

04 ▶ ④ 출제영역 안전관리

토크렌치는 볼트 등을 조일 때 조이는 힘을 측정하기 위하여 쓰이며, 오른손은 렌치 끝을 잡고 돌리며 왼손은 지지점을 누르고 눈은 게이지 눈금을 확인한다.

05 ▶ ③ 출제영역 안전관리

사고의 직접원인은 불안전한 행동과 상태이다. ①, ②, ④는 사고의 간접원인에 속한다.

06 ▶ ① 출제영역 안전관리

담배의 불꽃이나 스위치 접촉 시 일어나는 스파크로 인해 폭발이 일어날 수 있으므로 가연성 가스 저장실에서는 사용하면 안 된다.

07 ▶ ①
출제영역 안전관리

드릴작업, 해머작업, 정밀기계작업을 할 때 장갑을 끼면 기기를 손에서 놓치거나, 장갑이 기기에 말려들어갈 우려가 있어 위험하다.

08 ▶ ③
출제영역 안전관리

① 폐유를 부리면 미끄러질 위험이 있다.
② 사고 위험이 있으므로 무거운 구조물은 기기를 사용하여 든다.
④ 공구에 기름이 묻으면 미끄러져 사고의 원인이 된다.

09 ▶ ②
출제영역 안전관리

중경상 : 부상으로 8일 이상의 노동 상실을 가져온 상해 정도

10 ▶ ①
출제영역 작업 전 점검

엔진의 난기운전은 워밍업 운전이라고도 하며, 시동 후 기관이 정상 작동온도에 도달할 때까지 유압오일 온도를 상승시키는 운전을 의미한다. 지게차 난기운전은 작업 전 유압오일 온도가 최소 20℃~27℃ 이상이 되도록 상승시킨다.

11 ▶ ③
출제영역 작업 전 점검

제시된 경고등은 배터리 충전 경고등이다. 기동 전동기의 작동을 보조하는 축전지에 이상이 생긴 것으로, 일단 정지 후 빠르게 배터리 점검을 받아야 한다.

12 ▶ ②
출제영역 작업 후 점검

작업 후 탱크에 연료를 가득 채워주는 이유는 탱크 속의 연료 증발로 발생된 공기 중의 수분이 응축되어 물이 생기는 것과 기포를 방지하기 위해서이다.

13 ▶ ①
출제영역 화물 적재 및 하역 작업

화물이 움직이거나 떨어지지 않도록 고임목을 괴어 놓는다.

14 ▶ ②
출제영역 화물운반작업

포크의 간격은 적재상태 팔레트 폭의 50% 이상 75% 이하 정도 간격을 유지한다.

15 ▶ ③
출제영역 운전시야확보

라디에이터의 누수는 운전 중 일어날 수 있는 진동과 관계가 없다.

16 ▶ ③
출제영역 운전시야확보

지게차가 취급 화물의 중량한계를 초과할 경우 후륜 들림 현상, 전복 위험, 차체 손상, 안정성 저하 등이 일어날 수 있으며, 조향이 불안정해진다.

17 ▶ ④
출제영역 운전시야확보

작업 중 이상을 감지했을 경우 즉시 작업을 멈추고 장비 점검을 받는다.

18 ▶ ②
출제영역 건설기계관리법 및 도로교통법

교통안전표지 중 지시표지이며 직진 및 좌회전 표지이다.

19 ▶ ④
출제영역 건설기계관리법 및 도로교통법

건물번호판 중 관공서용 건물번호판이며 경찰서임을 나타내고 있다.

20 ▶ ②
출제영역 건설기계관리법 및 도로교통법

도로교통법에 따르면 교통정리를 하고 있지 아니하는 교차로에 동시에 들어가려고 하는 차의 운전자는 우측도로의 차에 진로를 양보해야 한다.

21 ▶ ②
출제영역 건설기계관리법 및 도로교통법

비가 내려 노면이 젖어 있는 경우나 눈이 20mm 미만 쌓인 경우 최고속도의 100분의 20으로 감속 운행해야 한다.

22 ▶ ④
출제영역 건설기계관리법 및 도로교통법

노면이 얼어붙은 곳에서는 최고 속도의 100분의 50을 줄인 속도로 운행한다.

23 ▶ ②
출제영역 건설기계관리법 및 도로교통법

건설기계조종사면허가 취소되거나 효력정지처분을 받은 후에도 건설기계를 계속하여 조종한 자에게는 1년 이하의 징역 또는 1,000만원 이하의 벌금을 부과한다.

24 ▶ ④
출제영역 건설기계관리법 및 도로교통법

청력기준은 55dB(보청기를 사용하는 사람은 40dB)의 소리를 들을 수 있고, 언어분별력이 80% 이상이어야 한다.

25 ▶ ③ 출제영역 건설기계관리법 및 도로교통법

국토교통부장관은 건설기계를 신규로 등록할 때 신규등록검사를 실시하며, 검사대행자에게 이를 대행하게 할 수 있다.

26 ▶ ③ 출제영역 응급대처

교통사고란 차의 교통으로 인하여 사람을 사상하거나 물건을 손괴하는 것을 말한다. 단순 적재 중인 화물이 추락하여 발생한 사고는 차의 교통으로 인한 것이 아니므로 교통사고에 해당하지 않는다.

27 ▶ ① 출제영역 장비구조

기관의 RPM(분당 엔진 회전수)은 가솔린기관이 더 높다.

28 ▶ ② 출제영역 장비구조

실린더 헤드 개스킷이 손상되면 기관의 밀폐가 깨져 압축압력과 폭발압력이 떨어지고 출력과 연비가 감소한다.

29 ▶ ② 출제영역 장비구조

물재킷은 라디에이터를 통과한 냉각수가 실린더 블록과 헤드 바깥으로 지나가면서 실린더와 열교환을 하는 통로이다.

30 ▶ ④ 출제영역 장비구조

수온조절기가 열린 채 고장 난 경우에 엔진 가동 후 충분한 시간이 지났는데도 냉각수 온도가 정상적으로 상승하지 않을 수 있다.

31 ▶ ② 출제영역 장비구조

디젤엔진은 연소실에 연료를 안개처럼 분사하여 자연착화시킨다.

32 ▶ ③ 출제영역 장비구조

배기가스의 압력을 높여서 열효율을 증가시키는 장치는 과급기이다.

33 ▶ ① 출제영역 장비구조

피스톤은 관성의 힘을 최소화하기 위해 무게가 가벼워야 한다.

34 ▶ ③ 출제영역 장비구조

세탄가는 디젤 연료의 착화성을 나타내는 척도를 말한다.

35 ▶ ③ 출제영역 장비구조

브러시가 정류자에 밀착되지 않으면 시동모터의 전기 회로가 제대로 연결되지 않아 시동모터가 회전하지 않거나 회전력이 약해진다.

36 ▶ ④ 출제영역 장비구조

납산축전지에 녹이 슨 경우 녹을 닦은 후 터미널을 고정시키고 그리스(윤활유)를 다시 도포한다.

37 ▶ ④ 출제영역 장비구조

전해액은 묽은 황산으로 산성을 띠고 있으므로 베이킹소다(탄산수소나트륨)를 사용하여 중화시킨다.

38 ▶ ② 출제영역 장비구조

6V, 30W를 소모하는 전구 두 개가 병렬로 연결되어 있다. P=VI이므로 전구 하나에 걸리는 전류를 계산하면 30W=6V×I, I=5A이다. 따라서 퓨즈에는 5A×2=10A가 흐른다.

39 ▶ ① 출제영역 장비구조

클러치는 기관의 출력 증가와 크게 관계가 없다.

40 ▶ ① 출제영역 장비구조

초고압타이어는 지게차에서 사용하지 않는다. 초저압타이어는 흔히 솔리드타이어라고 하며 작업환경이 좋지 않은 곳에서 운행하는 지게차에 쓰인다.

41 ▶ ③ 출제영역 장비구조

차동기어는 선회 시 좌우 구동바퀴의 회전속도를 다르게 하여 선회를 원활하게 하기 위한 장치이다.

42 ▶ ④ 출제영역 장비구조

카커스는 고무 피복을 여러 겹으로 겹쳐 타이어의 골격을 이루는 부분이다.

43 ▶ ① 출제영역 장비구조

오일에 거품이 생기는 원인은 유압계통 내에 여러 이유로 공기가 혼입되었기 때문으로 점도지수와는 관계가 없다.

44 ▶ ④ 출제영역 장비구조

압력제어 밸브에는 릴리프 밸브, 시퀀스 밸브, 카운터 밸런스 밸브, 리듀싱 밸브, 무부하 밸브 등이 있다. 교축(스로틀) 밸브는 유량제어 밸브이다.

45 ▶ ③ 출제영역 장비구조

조정 스크류를 조이면 장력이 강해지기 때문에 유압이 높아진다.

46 ▶ ① 출제영역 장비구조

메인 릴리프 밸브는 유압회로의 최고압력을 제한하는 밸브로 유압펌프로부터 송출되는 유압유를 전량 배출시켜 회로의 압력이 규정치를 초과하지 않도록 일정하게 유지시킨다.

47 ▶ ③ 출제영역 장비구조

유압을 적정하게 유지하는 것은 유압밸브의 역할이다.

48 ▶ ① 출제영역 장비구조

어큐뮬레이터는 유압에너지를 가압상태로 저장하여 보조 유압원으로 사용하도록 하는 용기 역할을 한다. 펌프의 맥동을 흡수하여 일정한 압력을 유지하고 점진적으로 압력을 증대시킬 수 있다.

49 ▶ ③ 출제영역 장비구조

액추에이터는 유압과 유량에 따라 토크와 회전속도를 제어할 수 있다.

50 ▶ ③ 출제영역 장비구조

압력제어 밸브는 펌프와 방향전환 밸브 사이에서 작동한다.

51 ▶ ④ 출제영역 장비구조

52 ▶ ④ 출제영역 장비구조

분사 펌프는 디젤 엔진에서 연료를 압축하여 노즐로 압송시키는 장치이다.

53 ▶ ② 출제영역 장비구조

지게차의 틸트 실린더는 복동식 실린더를 사용하고, 리프트 실린더는 단동식 실린더를 사용한다.

54 ▶ ② 출제영역 장비구조

오일의 점도가 높으면 오일의 압력이 높아진다.

55 ▶ ① 출제영역 장비구조

로테이팅 클램프는 원추형 화물을 조이거나 회전시켜 운반 또는 적재하는 데 적합한 작업장치이다.

56 ▶ ③ 출제영역 장비구조

지게차의 작업장치는 마스트, 리프트 실린더, 틸트 실린더, 포크, 리프트 체인, 카운터 웨이트, 백레스트, 핑거보드 등으로 구성되어 있다.

57 ▶ ① 출제영역 장비구조

클러치형 지게차는 '엔진 → 클러치 → 변속기 → 종감속 기어 및 차동장치 → 앞구동축 → 차륜'의 순서로 동력이 전달된다.

58 ▶ ③ 출제영역 장비구조

지게차의 조종레버에는 리프트 레버, 틸트 레버, 전·후진 레버 등이 있다.

59 ▶ ② 출제영역 장비구조

틸트 레버를 운전자 쪽으로 당기면 마스트는 운전자 쪽으로 기운다.

60 ▶ ② 출제영역 장비구조

포크에 대한 설명이다. 포크는 L자형으로 된 2개의 구조물로 이루어져 있으며, 핑거 보드에 연결되어 화물을 받쳐서 운반하는 역할을 한다. 또한 적재하는 화물의 크기에 따라 포크의 간격을 조정할 수 있다.

박문각 취밥러 시리즈
지게차운전기능사 필기
8개년 기출문제집

2쇄인쇄	2026. 1. 15
2쇄발행	2026. 1. 20

저자와의
협의 하에
인지 생략

발 행 인	박용
출판총괄	김현실
개발책임	이성준
편집개발	김태희, 김소영
마 케 팅	김치환, 최지희
일러스트	㈜ 유미지

발 행 처	㈜ 박문각출판
출판등록	등록번호 제2019-000137호
주 소	06654 서울시 서초구 효령로 283 서경B/D 4층
전 화	(02) 6466-7202
팩 스	(02) 584-2927
홈페이지	www.pmgbooks.co.kr

ISBN	979-11-7262-658-7
정가	11,000원

이 책의 무단 전재 또는 복제 행위는 저작권법 제 136조에 의거, 5년 이하의 징역 또는 5,000만원 이하의 벌금에 처하거나 이를 병과할 수 있습니다.